JN092773

海からみた産業と日本

原田順子・篠原正治

海からみた産業と日本（'22）

装丁・ブックデザイン：畑中　猛

s-68

まえがき

本書は放送大学の教材として執筆され，同名のラジオ講義と補完的な関係にあります。2016 年度に開設された「海からみた産業と日本」の後継科目ですが，このたび新たな講師陣で再構築いたしました。全15章を通じて，産業・経営の基盤として海運，港湾，国際物流，海事管理等について包括的に学習します。島国である日本経済の成長・発展について基礎的知識を得ることを念頭に，初習者も理解しやすいように配慮しました。これらの内容は，各分野の専門家による深い知識と経験に裏打ちされた質の高いものであると自負しています。

また，放送大学の受講生以外の方々にも本書を役立てていただければ幸いです。一般社会人の方々，進路について考えている高校生や大学生には，現代社会の教養として受講していただければ幸いです。関連する分野を専攻するみなさんには，初習段階の補助教材として活用していただければ嬉しく思います。

経済のグローバル化が進展している現在，対外直接投資，人材の広域移動，現地人材の育成などに目が行くことでしょう。けれども，物の円滑な移動を可能にするのは高度な物流網であり，船舶による物の移動や港湾などのインフラがそれを支えていることを見過ごしてはなりません。近年の特徴として，企業のグローバル展開に伴い，いくつもの国をまたぐ複雑なサプライチェーンマネジメントが発達していることが指摘されています。島国であるわが国の経済活動は海運との関係が密接で，輸送生命線であるとすらいえます。わたくしたちの生活に不可欠なエネルギーや食料の輸入は，ほとんど海上輸送に頼っています。また，国内輸送に限っても，陸運よりも海運に適した貨物があり，その役割は大きいといえます。したがって，国内外の安定した海上物流は経済の安定と繁栄の基盤といえるでしょう。その前提条件として，大量の貨物輸送の結節点である港湾を経済規模にみあうよう戦略的に整備すること，および国内外の海事管理が重要であることはいうまでもありません。

この図書が，日本の企業活動の俯瞰的な理解に役立つとともに，未来へ向けた産業の展開（環境の視点も含みます）について考える一助となることを期待しています。また，海運，港湾等の歴史についての記述もあり，皆様に厚みのある知識を提供できることと思います。本書は，わが国の企業活動と運輸（原田順子：１～３章），海運（合田浩之：４～６章），港湾（篠原正治：７～９章），国際物流（恩田登志夫：10～12章），国際海事管理（北田桃子：13～15章）という構成になっています。

冒頭で述べたように，本書は同名のラジオ講義（2022～2025年度放送予定）と補完的関係にあります。本書とラジオ講義には重複する部分と異なる部分があります。われわれ執筆者が本書にはない情報を含めて熱弁をふるっていますので，ぜひ放送も聴いてください。ラジオ講義は週に１回決まった時間に放送されます。曜日と時刻は学期ごとに変わりますが，毎学期のはじめに時間割が公表されます。（放送大学の学生はインターネットで何時でも聴くことができます。）

本書とラジオ講義が完成するまでには，資料の提供，インタビューの実施，適宜の助言など，多くの方々にご協力をいただきました。関係各位に対し心から感謝申し上げます。また，編集を担当された一般財団法人放送大学教育振興会の山下龍男氏と，ラジオ講義の制作を担当された放送大学制作部ディレクターの山野晶子氏に深く感謝します。

2021年10月

原田 順子

篠原 正治

目次

1　わが日の本は島国よ

原田順子

《目標＆ポイント》 日本は島国であり，日本経済の維持と発展に船と港は欠かせない。鉱物性燃料，食料品，原料品はそのほとんどを輸入に依存している。わが国は資源に乏しいことから，産業部門は燃料・原料の輸入が必須であると同時に，燃料と食料は家計部門の消費に不可欠である。さらに，様々な経済環境の変化の結果，企業の海外進出が進んできたことを学習する。
《キーワード》 経常収支，貿易収支，エネルギー自給率，食料自給率，対外直接投資

1．わが日の本は島国よ

わが国は島国である。この条件を前提に国内の産業は構築されてきた。次節から説明していくように，日本経済の維持と発展に船と港は欠かせない。わが国の経済活動が港湾地域（東京湾，伊勢湾，大阪湾，北部九州）に集中する傾向がみられるのは，そのあらわれといえよう。これらの地域が発展したのは，成長を牽引する条件（①良好な港湾と空港，②産業の集積，③高い教育文化環境，④豊富な水）を満たすからと分析される（市村，2003）。

有史以来，世界は陸上，海上を通じた（近代では航空も含めた）交易によって発展してきた。島国である日本の場合は，特に海洋を含んだ物流網，関連産業，基礎的インフラ（港湾など）の保有と洗練が重要である（森重，2014）。周囲を海に囲まれた日本が近代国家として繁栄を目指すには自力で海に乗り出す力（造船や運航能力など）を獲得し港を整

備することが必要だった。

本書では全15章を通じて，日本の産業の維持と発展に不可欠な海運，港湾，国際物流，海事管理等について解説していくが，最初に，まさに本書のテーマを象徴するような歌を紹介したい。日本有数の港を擁する神奈川県横浜市は，開港50周年を記念して1909年（明治42年）に横浜市歌を発表した。作詞は森林太郎，すなわち明治の文豪として知られる森鷗外（おうがい）である。以後100年あまり，「わが日の本は島国よ」で始まるこの歌は，主に横浜市立小中学校の教育を通じて歌い継がれてきた。また，歌詞の「あらめや」から命名された「あらめや音頭」という盆踊りもあり，市民に広く親しまれている。横浜市歌（下記）には，日本は島国であるという地理的条件，繁栄のための海上交易の重要性が，文明開化の明治の息吹とともに端的かつ詩的にあらわされているように思われる。

横浜市歌（作詞 森林太郎，作曲 南能衛（よしえ））

わが日の本は島国よ
朝日かがよう海に
連りそばだつ島々なれば
あらゆる国より舟こそ通え

されば港の数多かれど
この横浜にまさるあらめや
むかし思えば　とま屋の煙
ちらりほらりと立てりしところ

今はもも舟もも千舟
泊るところぞ見よや
果なく栄えて行くらんみ代を
飾る宝も入りくる港

出典：横浜市（2015）『生涯学習ページ はまなび』

2. わが国産業の概要

本節では，わが国の産業について考えてみたい。おそらく年齢層によって，そのイメージは様々であると思われる。日本が誇る産業は何かという問いに，現代の若者はサービス産業を思い浮かべるのではと推測する。アニメのドラえもん，クレヨンしんちゃん等のコンテンツはアジアでも一般に浸透しているし，ポケットモンスターのゲームも世界的に人気がある。また，コンビニエンス・ストア，学習産業の公文など日本で発展したサービス業の海外進出も広く知られるところである。一方，中年以上の人々は高度なもの造り産業こそが日本経済を支えてきたと考えているのではないだろうか。日本産業のイメージについては，世代間でギャップが存在すると思われる。また，一定の年齢以上の方々は，1980年代に日本の対米貿易黒字が政治的に問題視された記憶が残っていることであろう。ところが2011年には実に31年ぶりの貿易赤字となったことが注目された。日本といえば加工貿易といわれたのは過去のことなのであろうか。経済情勢は常に変化するものであるが，身近な統計を利用して，まずわが国の産業の概要を把握したいと思う。

およそ過去50年の産業構造（国内総生産の産業部分の構成）の変化を表したのが**図1-1**である。この期間，第1次産業（農林水産業）の割合はずっと僅少で，かつ低下傾向が示されている。第2次産業（鉱業，製造業，建設業）は1960年には4割を超えていたが徐々に低下し，3割弱へと減少した。代わって第3次産業（上記産業以外。サービス業等）は堅実に増加し，2000年から7割を占めている。1960年時点で日本はすでに農業国ではなく，もの造りの盛んな国として第2次産業が著しく成長した。工業国として発展すると，多くの先進国と同様に，わが国でもサービス産業が発展してきたのである。

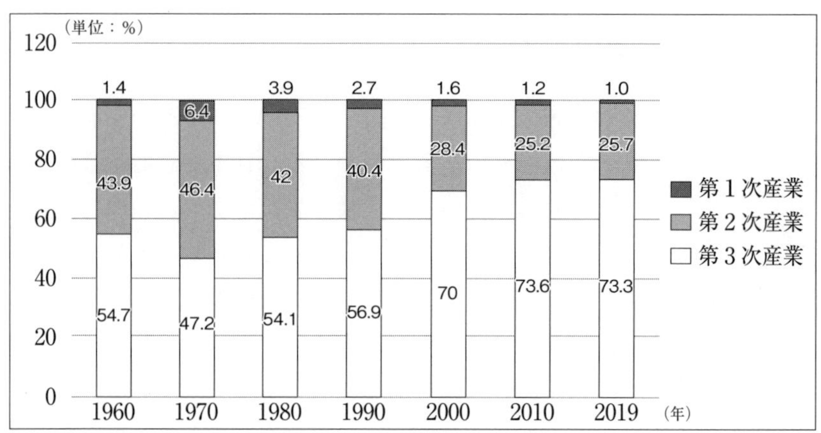

注：第1次産業は農林水産業，第2次産業は鉱業・製造業・建設業，第3次産業はその他である。数値は暦年。

出典：内閣府『国民経済計算』各年版より筆者作成

図1－1　産業別GDP割合

以上のように，わが国の産業において第 2 次産業の占める割合は低下しつつあり，関連指標の貿易収支をみると 2011 年から赤字に転じている（**図 1－2**）。すると国富が気になるので，ここで経常収支をみたいと思う。ところで，経常収支とは以下の三つの項目の合計である。すなわち，(1) 貿易（実物取引）・サービス（輸送・旅行・金融・知的財産権等使用料）収支，(2) 第 1 次所得収支（対外金融債権・債務から生じる利子・配当金），(3) 第 2 次所得収支（官民の無償資金協力，寄付，贈与の受払等）である。**図 1－2** に示されるように，2011 年以降，貿易収支赤字にも関わらず経常収支が黒字なのは，プラスの第 1 次所得収支に負うところが大きい。第 1 次所得収支は，主に直接投資収益（親会社と子会社間の配当金・利子等），証券投資収益（株式配当金，債券利子の受取・支払），その他投資収益（貸付・借入，預金利子等）から成る

(財務省，2021a)。日本経済は海外直接投資，間接投資等から利益をあげる構造に変化してきたと言えよう。

しかし，このような経済構造の変化の結果，日本人にとって輸出入が重要でなくなったというわけではない。**図1-3**をみると，1960年以降の約50年あまりで，輸出・輸入は実に70～80倍に増大している。現代のわたくしたちの生活は膨大な財（物）の移動（輸出や輸入）に支えられているのである。

次節では日本の産業の特色について貿易と海外直接投資を基に考えてみたい。

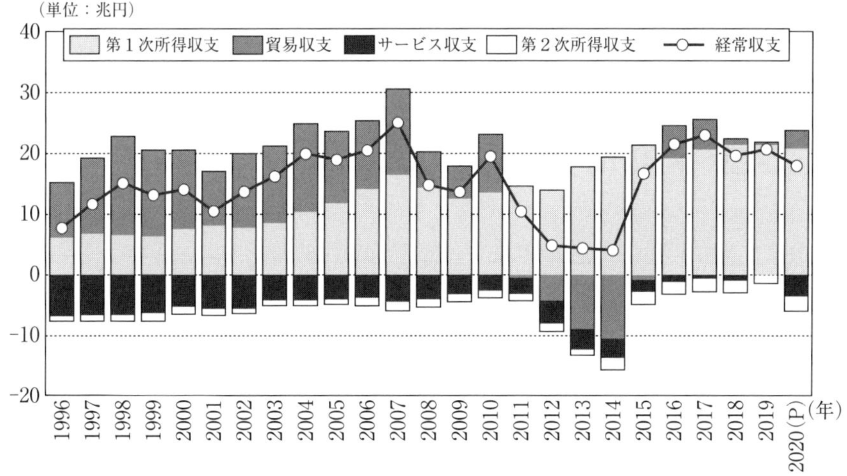

注：(P) は速報値。
出典：財務省 (2021a)『令和2年中 国際収支状況（速報の概要)』

図1-2　経常収支の推移

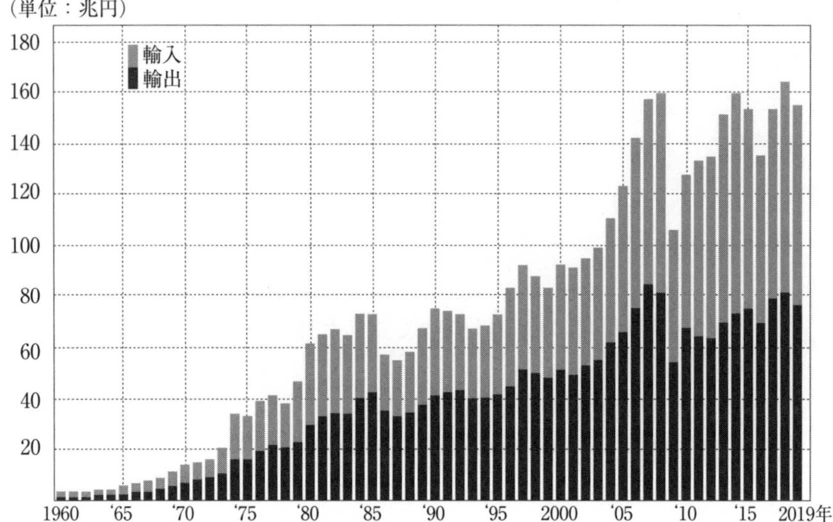

出典：財務省（2015b）『貿易統計』より筆者作成

図1-3　わが国の輸出入金額推移（暦年）

3. グローバル化する経済活動

次に，輸出入の内容をみるため，品目別輸出入の金額を示した**図1-4**について説明したい。「食料品」，「原料品」，「鉱物性燃料」は大幅な輸入超過が明らかである。わが国は資源小国と言われているが，それが明確に数値に表れている。「その他」の輸出の4分の1は科学光学機器が占めているが，輸入で最も多いのは「衣類・同付属品」と科学光学機器である。確かに，外国製の衣類は私たちの生活のなかに深く浸透している。

これら輸入超過品目のなかでも鉱物性燃料（原粗油，液化天然ガス，

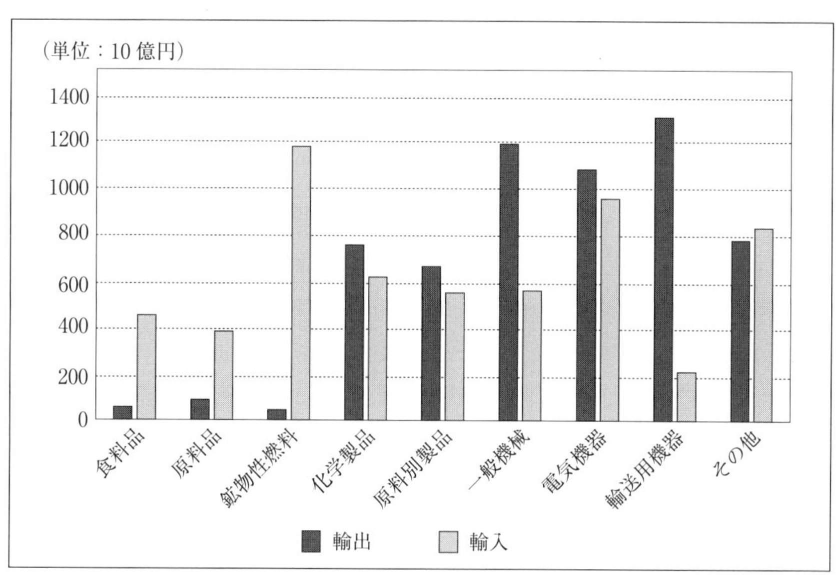

出典：財務省（2021b）『報道発表 令和3年2月分貿易統計』より筆者作成

図1-4　品目別輸出入額（2021年2月分）

石油製品，石炭等）の金額は突出している。わが国のエネルギー自給率はわずか 9.6 %であり（2017 年度時点。資源エネルギー庁 2018），輸入燃料は国民の生活を二重の意味で支えている。第一に私たちの日常を支える電気，ガス等の利用に欠かすことができない。そして第二に，原料品（鉄鉱石等）とともに産業部門の原資であり，そこで生み出された富が通貨（円）の価値を支え，莫大なエネルギー輸入を可能にする。当然であるが，家計部門は企業部門の生み出す利益によって支えられている。**図 1-4** の輸入超過品目は輸出超過品目の生産と不可分の関係なのである。付け加えると，エネルギー自給率のほかに，食料自給率もカロリーベースで 38 %（2019 年度時点。農林水産省 2020）と高くない。食料品を大量に輸入することができるのも企業が生産する富，それに支えられた購買力が日本にあるからである。日本は生存のために不可欠なエネルギーと食料を輸入に頼っている。したがって，安定した貿易を継続することはなにものにも代えがたい最重要事項と考えられる（そして次章で説明するように，これらのほとんどが海上輸送に拠っている）。

一方，「化学製品」，「原料別製品」，「一般機械」，「電気機器」，「輸送用機器」については輸出が輸入を上回っており，特に「輸送用機器」の輸出額が高い。「輸送用機器」の主な輸出内容は自動車，自動車の部分品，船舶，二輪自動車等で，自動車と造船は日本の主要産業であることがわかる。自動車は部分品を輸出する一方で完成車の輸入／逆輸入もある。同様に，**図 1-4** の統計データの内訳をみると，「一般機械」においても電算機類の部分品を輸出して電算機類（含周辺機器）を輸入したり，「電気機械」においては半導体等電子部品や電気回路等の機器を輸出して通信機を輸入したりというマクロ動向が類推される。経済のグローバル化によって，適地生産，適地消費ということで，日常のオペレーションのなかで部分品と完成品が国を超えて移動するような構造が形成されてきた。国内の第 2 次産業比率が減少し（**図 1-1**），貿易収支が赤字を示す（**図 1-2**）背景には，わが国の製造業が国際分業を深化させてきたことがあるとうかがわれる。

上述のように，経済活動のグローバル展開が活発化している。ここで外国市場への参入形態について紹介したい。洞口（2013）の整理にしたがって以下に紹介する。基本となるのは，①輸出・輸入，②対外直接投資（外国に企業を設立・登記し，親会社が株式を保有して永続的に経営に関わること），③ライセンシング（技術，ブランド，ノウハウ，フランチャイズ契約，著作権の許諾等を有償で行うこと）である。さらに，これらに分類しきれない中間的形態として，④国際合弁事業（対外直接投資とライセンシングの中間形態)，⑤プラント輸出（輸出と対外直接投資の中間形態)，⑥OEM（他社ブランドによる生産。Original Equipment Manufacturing。輸出とライセンシングの中間形態）があげられる。企業活動はこれらの類型をひとつに絞る必要はなく，同時に複数実行することができる。したがって，1社のなかで輸出・輸入と対外直接投資やライセンシングが行われることもある。グローバル化という面で，現代の企業活動は複雑化している。

経済産業省（2014）の調べによると，日本企業の本社は北米や欧州からよりもアジアの現地法人から受け取る配当・ロイヤリティ（経常収支の第1次所得収支のうち直接投資収支受取）が高い。そしてアジアの現地法人では，機械類（輸送機械，情報通信機械，電気機械等）や化学などの製造業が中心となっている。日本企業はアジア内で工程間分業を進め，適地生産，適地調達を行っている。企業が様々な外部環境の変化に対応しながら成長し，このような体制に至った。そのグローバリゼーションの歴史はどのようなものだったのか。ここで振り返ってみたい。鈴木（2013）は戦後を10年ごとに区切り，以下のように解説している。

「第一段階　輸出貿易中心の時代（1950年代）
　第二段階　海外販売網設置の時代（1960年代）
　第三段階　海外生産基地立地の時代（1970年代）
　第四段階　グローバリゼーションの展開と日本的経営システム海外移転の時代（1980年代）
　第五段階　世界的規模での経営戦略の展開（1990年代以降)」

鈴木（2013，12頁）

まず，1950年代は政府の輸出振興策のもとで原材料を輸入して加工した製品を輸出する貿易中心の時代であったが，1960年代になると企業は次第に海外販売網を構築するようになる。この頃は重厚長大型の工業製品の輸出が日本経済を牽引した。続く1970年代に日本経済の転換を促す環境変化が起きた。固定相場制（たとえば，1ドル＝360円）から変動相場制へと国際金融制度が変わり，急激に円高の時代が訪れた。さらに2度におよぶ石油危機にみまわれた結果，企業は高付加価値商品の多品種少量生産に軸足を移していった。輸入においては製品，半製品，食料品が増加した。また，1960年代後半以来の海外投資の自由化もあり，70年代には日本製の部品を現地で組み立てて販売する形から海外生産が増加した。なお，1980年代になると一層の海外展開が進展することになる。1985年のプラザ合意によって主要5か国が一斉にドル安誘導をした結果，円高が劇的に進んだためである。親会社のみならず子会社も主にアジアへ向かい，複数の国をまたぐ企業内貿易（部品および完成品）が複雑化しながら成長した。さらに，1990年代以降，円高が部品・半製品の海外調達，海外生産した製品（完成品）の逆輸入を促進した。その結果，調達・生産・流通・販売の国際的物流が求められるようになった。国際間の企業内分業に加えて，企業間分業にも対応した国際物流の効率化が，企業の発展のために重要な要素となっていった（鈴木，2013）。

次章では今日の私たちの生活と企業活動がいかに物流，それも海上物流（海運）と共にあるか解説し，本書の学習の意義を確認したい。

《学習のヒント》

1．日常品のなかで輸入品がどれくらいあるか考えてみよう。たとえば，洋服ダンスのなかで外国製の衣類は何割になるだろうか。

2．仕事で海外に関わることが増えてきているのではないだろうか。知人のなかに海外出張や駐在をする人が増えているか考えてみよう。

引用文献

市村眞一（2003）「監修者まえがき」，市村眞一監修・土井正幸編著『港湾と地域の経済学』，多賀出版

経済産業省（2014）『通商白書2014』<http://www.meti.go.jp/report/tsuhaku2014/2014honbun/i2320000.html> 2015年2月28日検索

財務省（2020）『貿易統計』<https://www.customs.go.jp/toukei/suii/html/nenbet.htm> 2021年2月28日検索

財務省（2021a）『令和2年中 国際収支状況（速報の概要）』<https://www.mof.go.jp/international_policy/reference/balance_of_payments/preliminary/pg2020cy.htm> 2021年2月24日検索

財務省（2021b）『報道発表 令和3年2月分貿易統計』<https://www.customs.go.jp/toukei/shinbun/trade-st/2021/2021025.pdf> 2021年2月28日検索

資源エネルギー庁（2018）『日本のエネルギー2018』<https://www.enecho.meti.go.jp/about/pamphlet/energy2018/html/001/> 2021年2月28日検索

鈴木暁（2013）「国際物流の現代的特徴」，鈴木暁編著『国際物流の理論と実務（五訂版）』第2章，成山堂書店

内閣府（2015）『国民経済計算』2015年2月24日 & 2021年2月28日検索 <https://www.esri.cao.go.jp/jp/sna/data/data_list/kakuhou/files/2019/2019_kaku_top.html> <http://www.esri.cao.go.jp/jp/sna/data/data_list/kakuhou/files/h25/h25_kaku_top.html> <http://www.esri.cao.go.jp/jp/sna/data/data_list/kakuhou/files/h24/sankou/pdf/point20131225.pdf> <http://www.stat.go.jp/data/chouki/03.htm>

農林水産省（2020）『令和元年度食料自給率・食料自給力指標について』https://www.maff.go.jp/j/press/kanbo/anpo/200805.html> 2021年2月24日検索

洞口治夫（2013）「多国籍企業の参入形態」，原田順子・洞口治夫編著『新訂国際経営』第2章，放送大学教育振興会
森重俊也（2014）「日本の海運・造船は世界から一歩抜きんでるポテンシャルを持っている」『KAIUN』No.1043，pp.16-19
横浜市（2015）『生涯学習ページ はまなび』<http://www.city.yokohama.lg.jp/kyoiku/gakusyu/sika/> 2015年2月26日検索

2 経済と運輸（1）～島国日本の今～

原田順子

《目標＆ポイント》 島国であるわが国の経済は海運への依存度が極めて高く，海運は日本の輸送生命線である。また，日本企業のグローバル展開（特にアジアにおける水平分業の進展）に目を向けると，海運を含めた国際複合輸送が必要な経済構造に日本企業が組み込まれていることが理解できる。最後に，国による輸送インフラの整備の動きとその重要性を学習する。
《キーワード》 海上輸送，グローバル経済，アジア物流圏，中間財，分業

1. 日本の産業と海運

（1）貿易

第1章で説明したように，過去50年あまりの間わが国の輸出入金額は，多少の乱高下はあるものの，ずっと増加基調で推移してきた（1章の**図1-3**）。品目別の輸出入額を調べると，大幅な輸入超過なのは食料品，原料品（鉄鉱石等），鉱物性燃料（原粗油，液化天然ガス，石油製品，石炭等）で，食料やエネルギーを輸入に依存する日本の特徴があらわれている（第1章の**図1-4**）。もし食料品やエネルギーの輸入がなければ，私たちの生活は根底から崩れてしまうであろう。また，原料品や鉱物性燃料は日本の主要輸出入品目である工業製品（化学製品，原料別製品，一般機械，電気機器，輸送用機器）の国内生産を支えている。

このように貿易はわが国の維持・発展に欠かせないが，その主役は海上輸送である。**図2-1**のように，貿易量（トン）ベースでは99.6％が

海運によっている。一般に，重量のあるものや航空機の輸送に向かないものが海上輸送される。一方，空輸はコスト高であるが輸送日数が短く，ジャスト・イン・タイムの生産体制に有効である。日本の場合，金額ベースでみれば約4割が航空輸送されている（経済産業省，2020a）。航空輸送される品目は緊急性が高く，軽量で，高価なものが選ばれる傾向がある。圧倒的な貿易量から考えて，日本にとって海運は輸送生命線であると言える。

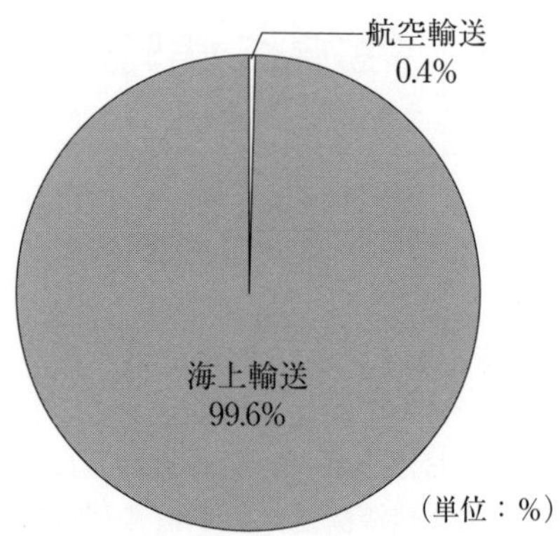

出典：日本船主協会（2020）『日本の海運 Shipping Now 2020-2021：データ編』より筆者作成

図2-1　貿易量（トン数）に占める海上輸送

（2）国内輸送

次に，国内の海上輸送（内航海運）をみてみよう。**図2-2**は貨物輸送量の推移を輸送機関別に輸送トンキロ（輸送量×距離）であらわしている。内航海運による貨物輸送は国内輸送のおよそ3割を占め，自動車，鉄道に次ぐ重要な役割を担っている。2018年の内航海運の貨物輸送トンキロは179億トンキロにものぼる（国土交通省，2020a）。この数値は自動車の210億トンキロ，鉄道194億トンキロに次ぐもので，航空（9億7,000万トンキロ）と比べて桁違いに大きい（国土交通省，2020a）。内航海運の貨物輸送トンキロに低下傾向がみられるが，輸送手段としての利点が減少したのではなく，別の経済環境的な理由が考えられる。内航海運の主要な貨物品目は産業基礎物資であるが，これらの国内需要は少なくとも三つの要因で減少してきた。第一に，こうした品目を大量に使用する産業が海外に出て行き，国内生産が縮小した。第二に，人口が増加しないため国内需要が増加基調ではなかった。最後に，省エネルギー技術が発達した結果，そもそも必須エネルギー量が減少したことが挙げられる。しかし海上輸送は前述のように輸送効率性に優れるとともに環境性能が高いという利点があるため，島国である日本に必要不可欠な社会基盤インフラと考えられる（国土交通省，2014）。

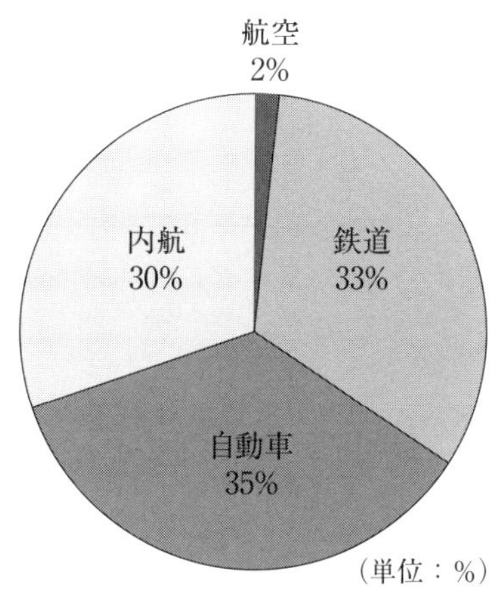

出典：国土交通省（2020b）『数字で見る海事2020』

図2-2　貨物輸送量（輸送機関別）

海上輸送の利点は重いものでも大量に比較的安価に遠方まで運べ，輸送効率が優れている点である。また，海運は営業用トラックと比較してCO_2排出原単位が6分の1と低く，環境にやさしい輸送手段である（日本船主協会，2020）。**表2-1**に示されるように，内航貨物輸送の主要品目は，揮発油，鉄鋼，原油，セメント，石灰石（セメントの原料），重油，化学薬品，砂利・砂・石材，その他の石油・石油製品等の産業基礎物資である。海上輸送には自動車輸送では代替できない面があり，常に一定の需要がある。

表2-1　2019年度 内航貨物輸送量　主要10品目

品目	輸送量 (単位：百万トンキロ)
揮発油	18,327
鉄鋼	18,062
セメント	17,465
原油	16,566
石灰石	14,001
重油	9,094
化学薬品	8,470
砂利・砂・石材	6,123
その他の石油・石油製品	5,932
石炭	1,883

出典：国土交通省（2020a）『内航船舶輸送統計調査 2019年度』より筆者作成。

2. 経済のグローバル化 ～国際複合物流を必要とする産業構造～

経済のグローバル化が進展していると言われて久しい。わが国もその潮流に組み込まれる形で経済活動が営まれている。その結果，日系企業が多国間で行う経済活動のために国際複合輸送（陸海空の複合）が求められる時代になってきた。本節では複雑な生産ネットワークがあり，その円滑な実施のために海運を含めた輸送が必要とされていることを学習する。

現代では，原料と完成品の貿易という単純な図式ではなく，多国間で企業内ないしは企業間の水平分業が深化してきている。国際的に工程間分業がジャスト・イン・タイムで行われたり，標準化された部品をインターネットで探して外国企業から購入したりというようなことが，グローバル化の一端として知られている。たとえば日本，ベトナム，インドネシア等から部品を調達してタイで製品になり，北米に輸出されるという状況がみられる。日本を含めた東アジアは「世界の工場」と評するにふさわしい状況である。経済環境の変化から，日本国内にあった工場が海外に移転していったが，全世界の海上コンテナのおよそ1割が日本発着となっている（中村，2014)。

経済のグローバル化の要因として，国家間で貿易促進の仕組みが整備されてきたことに加え，特に20世紀の後半から輸送技術，通信技術が進歩したことなどがあろう。世界全体で経済活動の相互依存が深まり，世界的に貿易量が増加した（経済産業省，2013)。この潮流のなかで，日本企業の海外進出も進んでおり，**図2-3**に示されるように現地法人売上高は上昇傾向にある。

財（物）が生産されると貨物の輸送需要が生まれる。当然ながら，物を運びたいという需要があるから貨物が生まれるのではない（その意味で物流は生産の「派生需要」である)。今日の経済活動の構造は高品質で価格がリーズナブルな物流を前提に成り立っていると言っても過言ではない。なぜならば現代のグローバル企業は信頼できる物流網があることを前提に調達，製造，販売を最適地で行い，市場競争をしているからである。製造の工程間分業も広域にわたって実施されている。適切な通信と輸送によって幅広い交易の組み合わせが実現し，世界経済の効率性が向上すると考えられる（ストップフォード，2014)。

さて，第1章の**図1-2**でみたように，日本の第1次所得収支（対外金融債権・債務から生じる利子・配当金）の増加から推測されるように，日本企業の海外現地法人等の利益が上昇してきている。そこで，そ

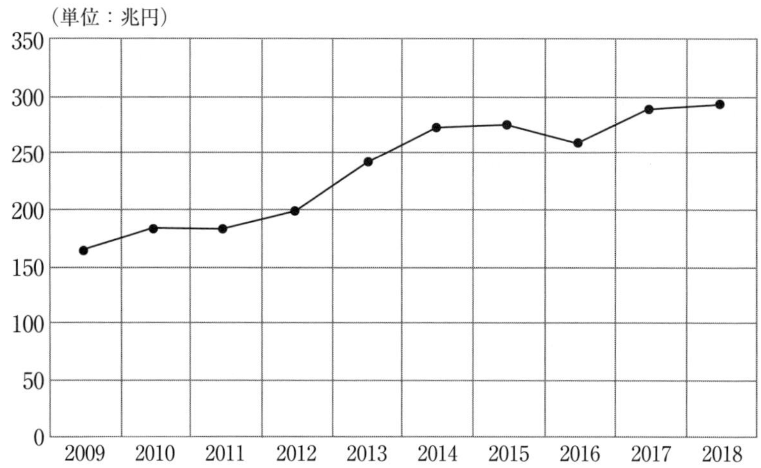

出典：経済産業省（2020b）『第49回 海外事業活動基本調査概要』より筆者作成

図2-3　現地法人売上高の推移（全産業）

の内容を製造業について検討し，その海外展開の特性を把握することにしたい。**図2-4**は海外生産比率（国内全法人ベース，製造業）の上位5業種についてみたものである。2009年から2018年の期間において，輸送機械の比率が首位のまま増加している。2～3位の情報通信機器とはん用機械を比較すると，途中で順位が入れ替わるが，緩やかな上昇がみられる。同様に，非鉄金属，鉄鋼も徐々に増えている。

日系現地法人の日本出資者向け支払いはアジア地域からが最も多く，それに北米，欧州が続く形になっている（経済産業省，2014)。業種別には，アジアでは輸送機械を筆頭に製造業の支払金額が圧倒的に高くなっている。一方，北米では卸売業が突出しているが輸送機械の割合も高い。欧州においては金融など「その他非製造業」（卸売りを除く）が目立つ。この図から，日本企業がアジアを中心に製造業によって利益を

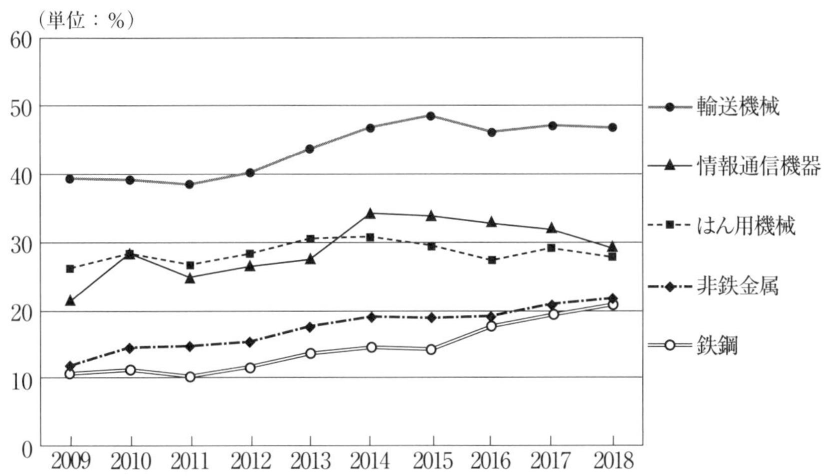

出典：経済産業省（2020b）『第49回 海外事業活動基本調査概要』より筆者作成

図2-4　業種別海外生産比率の推移（国内全法人ベース［製造業］）

上げている姿が浮かび上がってくる（経済産業省，2014）。

ここで注目したい点は，日系企業はアジアで一方的に輸入したり輸出したりしているのではなく，適地調達・適地生産・適地消費を模索しながら，アジアの生産ネットワークに参加している点である（経済産業省，2014）。東アジア（北東アジアと東南アジア）では，発展段階の異なる国が比較的近接していたことから，国際的な工程間分業，生産拠点の集約化，最適配置が進展してきた（木村，2014）。また，このようなサプライチェーンは各国・地域間で結ばれた経済連携協定に促進され，高度化したと分析される（経済産業省，2013）。企業間分業と企業内分業は産業特性を多かれ少なかれ反映しており，たとえば電気・電子産業の生産ネットワークは自動車産業よりも分散的な傾向がみられる。東アジア地域においては，多くの中間財（加工品，部品）が各国の生産拠点において生産，加工，組み立てられている。したがって，東アジア域内においては中間財の輸出が多く，域外（NAFTA，EU）輸出は最終財が多くなっている（経済産業省，2013）。

さらに，北米，アジア，欧州地域における日系製造業現地法人の域内販売比率（売上高），調達比率（仕入高）を**図 2-5** でみてみよう。域内販売比率（売上高）は北米，欧州，アジアの順である。一方，域内調達比率（仕入高）はアジア，欧州，北米となっている。安く仕入れて高く売ることがビジネスの鉄則であることを踏まえると，地域別の特徴は理にかなっているが，サプライチェーンのグローバル化が見て取れる。日系企業は国際的な工程間分業をアジアで行っており，こうした構造の下，様々な輸送モード（船，トラック，鉄道，飛行機）を使い分けたり，組み合わせたりする国際複合物流のニーズが高まっている。

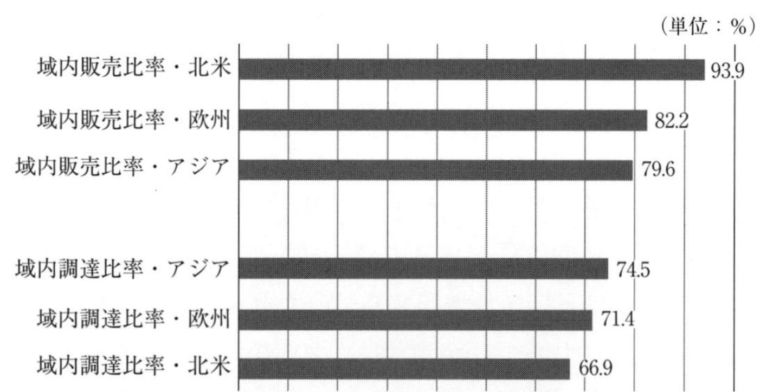

出典：経済産業省（2020b）『第49回 海外事業活動基本調査概要』

図2-5　日本製造業現地・域内販売比率（売上高）・調達比率（仕入高）の状況

3．日本の産業の発展のために～競争力を高めるには～

2013年に閣議決定された総合物流施策大綱（2013－2017）は，物流をとりまく現状を以下のように分析している。すなわち，「アジア諸国の経済成長と競争力強化を背景に，わが国企業の海外展開が一層進展し，国内外を一体的に捉え，調達・生産・販売を適地で行うグローバル・サプライチェーンの動きが深化している。海外との熾烈な競争にさらされている中，わが国産業は，付加価値の高い分野を国内に残しつつも，海外生産を増加させ，日本を含めたアジア域内の調達・生産・販売網の拡大を進めている」（国土交通省2013，2頁）と。総合物流施策大綱ではアジアを一つの物流圏（アジア物流圏）と捉え，事業環境整備のために国内外の物流関係施策を講じると述べられている。国内については国際物流の結節点（港湾・空港）の整備，結節点までの道路整備，臨海部物流施設の更新などが掲げられている。一方，国際面ではアジア諸国における外資規制，複雑な通関手続，物流規格の不統一，インフラおよび港湾関連手続システムの未整備などの課題解決が必要だとしている。また，2014年に閣議決定された「日本再興戦略」（首相官邸，2014）においても，首都圏空港・国際コンテナ戦略港湾の強化など産業インフラの整備を通じて，日本の都市の立地競争力を高めたいとしている。

さらに総合物流施策大綱（2017～2020年度）では，通販事業の拡大等による物流需要が高まる一方で人出不足が深刻化したことを踏まえ，物流の生産性向上が掲げられている。たとえば，事業者間の連携・協働による効率化，施設面の機能強化・環境整備，災害への備え（ラストワンマイルも含めた供給体制の徹底），地球環境問題への対応等が示された（国土交通省，2017）。また2021年に発表された大綱では，技術革新の進展，SDGs対応への社会的気運，生産年齢人口の減少・ドライバー不足，災害の激甚化・頻発化などを踏まえて，①「簡素で滑らかな物流」（物流DXや物流標準化の推進によるサプライチェーン全体の徹底した最適化），②「担い手にやさしい物流」（労働力不足対策と物流構造改革の推進），③「強くてしなやかな物流」（強靭で持続可能な物流ネットワークの構築）が掲げられた。また2021年から新型コロナウイルスの感染が世界的に拡大したことから，長く伸びたサプライチェーンのなかで輸送を維持することが新たな課題として認識されこととなった。

先進的な物流戦略は高度な輸送インフラのうえに成り立つ（ポーター，2018）。良好なビジネス環境を備えた立地は，企業の競争力の増進に寄与するからである。ポーター（2018）は立地が競争に及ぼす影響をダイヤモンド型の図で説明した（**図2-6**）。前述の国の施策（国内インフラの整備）は，この図の左側にある「生産要素（投入資源）条件」の物理的インフラにあたると考えられる。このポーターの指摘と同様に，木村（2003）も各生産地を結ぶサービス・リンク・コストを下げることが立地競争力に結び付くと解説する。輸送単価に影響を与えるインフラの整備は，相対的にサービス・リンク・コストを下げ，企業に選ばれやすい立地となるからである。したがって，国の施策による運輸インフラの充実は，東アジアの生産ネットワークに日本企業が主要なプレーヤーとして参加していくために極めて重要と考えられる。

日系企業は当初中国やASEANの港湾に近い臨海部の産業集積地に進出した。そのような場所はポーターのダイヤモンド図（**図2-6**）でいう生産要素条件（人的資源，物理的インフラ，情報インフラ等）が優れていたからである。しかし徐々にサプライチェーンは内陸に拡大し，陸上輸送に負う面が増えてきた。複数国にわたる道路・鉄道などを一括して整備する構想を経済回廊とよぶ。アジア開発銀行が提唱した大メコン圏総合開発（Greater Mekong Subregion: GMS）のフレームワーク

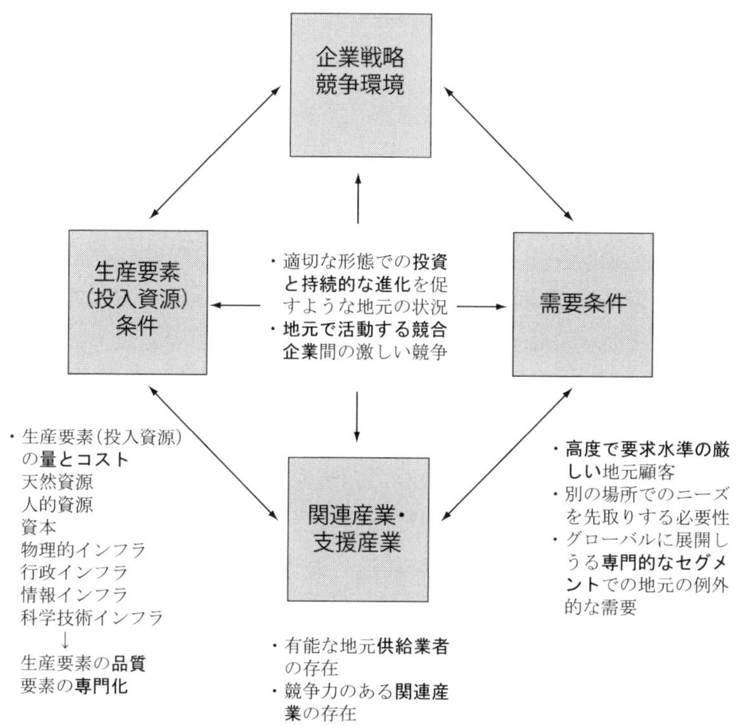

出典：ポーター，マイケル E.(2018)『[新版] 競争戦略論Ⅱ』ダイヤモンド社，90頁

図2-6　立地の競争優位の源泉

には，東西経済回廊（ベトナム中部，ラオス中部を経てタイを結ぶ），南部経済回廊（ホーチミンからプノンペンを経てタイを結ぶ），南北経済回廊（中国・昆明からラオス，ミャンマーを経てタイを結ぶ）などがある（小泉，2014）。しかし南部経済回廊の幹線道路というにも関わらず，片側1車線でガードレールや照明がない区間もあり，アジア物流圏の課題は残されている（林，2014）。今後も日系企業のサプライチェー

ンの拡大とアジア物流圏の整備は密接に関わっていくと思われる。前述の総合物流施策大綱（2013－2017）で掲げられているように，アジア諸国における外資規制，複雑な通関手続，物流規格の不統一，インフラおよび港湾関連手続システムの未整備などアジア諸国における課題解決は，日本の産業の国際競争力に多大な影響を与えるであろう。

本章では，最初に，島国であるわが国の経済は貿易（外航海運），内航海運への依存度が極めて高く，海運は日本の輸送生命線であることを解説した。次に，日本企業のグローバル化（特にアジアにおける水平分業の展開）に目を転じ，海運を含めた国際複合輸送が必要な構造になっていることを学習した。最後に，国による輸送インフラの整備の動きとその重要性を説明した。日本の経済の維持と発展に効率的な物流は欠かせない。したがって第 4 章以降では，特に海運に注目し，海運および関連する重要テーマ（港湾，国際物流，国際海事管理等）について学習する。

《学習のヒント》

1．貿易においては海上輸送の比率が高いが，航空便で運ばれるのはどのようなものであろうか。具体的な品目について考えてみよう。
2．総合物流施策大綱はアジアを一つの物流圏と捉えている。このことを実感するような記事を，本日の新聞から探してみよう。

引用文献

木村福成（2003）「国際貿易理論の新たな潮流と東アジア」『開発金融研究所報』pp.106-116

木村福成（2014）「東アジアの経済統合と運輸インフラ」『運輸と経済』74（12），pp.17-23

経済産業省（2013）『通商白書2013』<http://www.meti.go.jp/report/tsuhaku2013/2013honbun_p/pdf/2013_02-01-01.pdf>　2015年2月28日検索

経済産業省（2014）『通商白書2014』<http://www.meti.go.jp/report/tsuhaku2014/2014honbun/i2320000.html>　2015年2月28日検索

経済産業省（2020a）『令和2年版 通商白書』<https://www.meti.go.jp/report/tsuhaku2020/pdf/2020_zentai.pdf>　2021年2月28日検索

経済産業省（2020b）『第49回 海外事業活動基本調査概要』<https://www.meti.go.jp/press/2020/05/20200527002/20200527002-1.pdf〉2021年2月28日検索

小泉幸弘（2014）「東南アジアにおけるインフラ整備の状況と今後の展開」『運輸と経済』74（12），pp.69-76

国土交通省（2013）『総合物流施策大綱（2013-2017）』<http://www.mlit.go.jp/common/001001929.pdf>　2015年2月28日検索

国土交通省（2017）『総合物流施策大綱（2017-2020）の概要』〈https://www.mlit.go.jp/common/001201971.pdf〉

国土交通省（2020a）『内航船舶輸送統計調査2019年度』〈file:///C:/Users/me/Downloads/09201900a00000%20(1).pdf〉2021年2月28日検索

国土交通省（2020b）『数字で見る海事2020』〈https://www.mlit.go.jp/maritime/content/001355771.pdf〉2021年2月28日検索

首相官邸（2014）『「日本再興戦略」改訂2014：未来への挑戦』<http://www.kantei.go.jp/jp/singi/keizaisaisei/pdf/honbunJP.pdf>2015年2月28日検索

ストップフォード，M.（2014）『マリタイム・エコノミクス：海事産業の全貌を理解するために』日本海事センター編訳・星野裕志監修，日本海運集会所

中村次郎（2014）「日系企業のアジア進出におけるロジスティクスの課題と展望」『運輸と経済』74（12），pp.4-16

日本船主協会（2020）『日本の海運 Shipping Now 2020-2021：データ編』<http://

jpmac.or.jp/img/relation/pdf/2020 pdf-full.pdf> 2021 年 2 月 28 日検索
林克彦（2014）「日系企業のアジア展開を支える施策の意義と課題」『運輸と経済』74（12），pp.49-56
ポーター，M. E.（2018）『［新版］競争戦略論Ⅱ』竹内弘高訳，ダイヤモンド社

3 経済と運輸（2）〜世界の変化〜

原田順子

《目標＆ポイント》 経済のグローバル化についてアンバンドリング（分離）の視点からの分析を紹介し，グローバル・サプライチェーンの成り立ちについて理解を図る。また脱炭素化の世界的な潮流を簡潔にまとめたうえで，民間によるGHG排出削減策（ポセイドン原則，Getting to Zero Coalition，海上貨物憲章）を学習する。
《キーワード》 グローバル・サプライチェーン，デジタル化，コンテナ，脱炭素，GHG

1．経済活動のアンバンドリング（unbundling，分離）と物流

第2章において，良好なビジネス環境を備えた立地は企業の競争力の増進に寄与し（ポーター，2018），高度な物理的インフラの整備が重要であることが指摘された。港湾整備等の国の施策（国内インフラの整備）が立地競争力に密接に関連することは言うまでもない（第7〜9章で学習）。さて，第1章では日本企業の国際展開の変遷を解説したが，ここでは今日の国際物流の高度化の背景を学習しよう。生産に必要な財（人，アイディアを含む）の空間的な隔たりが技術進歩によって克服され，経済活動のあり方に影響を及ぼしたのか。企業の立地選択には様々な要素が関連するが，移動コスト，通信コスト，コミュニケーションコストの低下が鍵であることは間違いない。以下，経済産業省（2020）の整理にしたがい，これらの変化をアンバンドリング（unbundling，分

離）の概念から説明していく。

（1）生産地と消費地の分離（1820〜1990年）

帆船による海運，家畜による陸運といった旧来の世界では，物を運ぶコストが高く，生産地を消費地から大きく隔てることは難しかった。また，輸送速度の問題があり，日持ちのしないものを遠方まで運ぶこともできなかった。この頃の世界では，近接した地域内で人，物，アイディア（情報）が完結する時代であり，世界は「地域単位の経済のかたまり」と考えて差し支えなかった。やがて19世紀になると蒸気船や鉄道が現れた。輸送速度，輸送量が飛躍的に向上し，輸送コストは劇的に下落した結果，生産地と消費地の距離を延ばすことが可能になった。こうして国境をこえて生産と消費が分離され，貿易が興隆し，比較優位に基づいた国際分業体制が構築された。ただし，貿易コストが低下した一方で，コミュニケーションコストは高いままであったことから，人やアイディアはそれほど移動することができなかった。先進国と発展途上国の間で完成品と原材料の貿易が増加したが，高付加価値の産業は先進国に留まる傾向があり，発展途上国との格差が拡大した。この時代の国家の主な役割はGATTのような自由貿易体制の構築であった。

（2）生産工程のタスク単位の分離（1990〜2015年）

次の決定的な変化は通信コストの下落である。1990年頃から情報通信技術が本格的に発達し，アイディア，技術，データ等の移動が容易になった。経済のグローバリゼーションは生産工程のタスク単位の国際分業の段階に入った。遠隔地から生産工程を管理することが可能になったのである。国境をまたいで生産が行われるようになると，部品や中間財の貿易が増加した。物流は生産の派生需要であるから，ジャストインタイムを意識した国際物流の発展もこの流れのなかに位置づけられる。1990年代以降，グローバル・サプライチェーンの高度化は劇的に進展し，有力な多国籍企業の世界的な影響力が増大した。国際物流の仕組みと利便性の向上については第10～12章で学習する。

先進国の生産技術・ノウハウと発展途上国の労働が結びついた結果，途上国の賃金が上昇する一方で，先進国の賃金上昇は抑制された。先進国の多国籍企業は，当然ながらノウハウを自社の生産ネットワークから漏れ出ないように工夫する。また通信コストが低下したとしても対面でやりとりする必要は残る。しかし発展途上国のマネジャーや技術者の給与は上昇したため，多国籍企業は生産拠点を本国に近接する国に置くことで移動コスト（時間コストを含む）の節約を図る傾向がみられた（ボールドウィン，2018，p.19）。たとえば日本企業にとっての東アジア経済圏は地理的に近いことに大きな利点があると考えられる。こうした状況のなかで，EPAなどの二国間・地域内における貿易・投資環境の整備をすることが国に求められた。

（3）人と生産地の分離（2015年～）

さらにデジタル技術の発展が進むことで，何が起きるであろうか。予測を含めて経産省（2020）は次のように論じる。国を超えて専門的・非専門的なサービス労働を外国にいる労働者に発注することが可能になる。すでに，日本でスマートフォン等を利用してフィリピンにいる教師から英会話の授業を受けるサービスが普及している。また，アメリカの顧客にインドのコールセンターが応答する例もある。将来，技術者が東京でロボットを遠隔操作して，外国にある資本設備を修理するといったことも実現するかもしれない。デジタル技術によって，実際に人が移動しなくても仕事が済むようになれば，遠隔地を結んだサービス分野の分業が展開されるであろう。このような時代における国の役割としては，個人単位の生活保障，人的な資本強化支援策，デジタル化推進に必要となる基盤（インフラ・ルール整備）などが挙げられる。

2. 海運業を取り巻く変化

以上のように移動コスト，通信コスト，コミュニケーションコストの変化により，経済のグローバル化が急速に進展した。サプライチェーンのグローバル化は国際物流の深化と密接に関連しているといえよう。海運業をとりまく変化について，「生産地と消費地の分離時代」（前節（1））から振り返ってみよう。

第二次世界大戦後の海運業の変化において，1950 年代以降のコンテナの世界的な普及は最も注目されるべきことであろう（第 10 章にて詳述）。コンテナ化以前は港から港へ運送することが貿易であったが，コンテナ化以降は生産地から販売先までシームレスなサービスが行われるようになった。またコンテナ荷役は機械化されて生産性が向上した。その後も新種の船舶導入（自動車専用船，LNG 輸送船等）や複合一貫輸送（船舶，陸運，空運等）といった変化があらわれた。今，最も注視すべきことは地球レベルの気候変動に対応して脱炭素化（Green House Gas 削減策，以下 GHG）を進める世界的潮流である（石澤，2021）。以下にこの背景と流れを簡潔に整理し，後章を理解する助けとしたい。

国際海運に関する GHG 削減策には IMO（国際連合の専門機関。国際海事機関，International Maritime Organization）と民間主導によるものがある。国際海運の特性はステークホルダー（利害関係者）の国際性が極めて高いことであるため，IMO が主導する意義は大きい。第一に造船所，船主，船籍国，運航者，船員，荷主，運航地域等，多くの国が関連しており，国際枠組みが必要である。第二に，国の発展段階に関わらず，国際機関が掲げる世界共通の対策を設けなければ，一部の発展途上国がルールの緩和を主張するであろう。しかし，船籍の転籍は容易なうえに，世界の船舶の8割は発展途上国の船籍であるから，国際連合の専門機関であるIMOが先進国・途上国を問わない世界共通の安全・環境ルールを策定する必要性が生じる（岩城，2021）。IMOは2018年にGHG排出削減初期戦略として，2050年の国際海運のGHG排出総量を2008年比で半減させる，国際海運の二酸化炭素排出効率を2008年比で2030年までに平均燃費を40％，2050年までに70％削減させることを目標として掲げた。これらは国際連合のSDGs（2015年9月），パリ協定（2015年12月）を踏まえて策定された（**表3-1**）。

表3-1　国際機関やEUによるGHG削減策

2015.09	SDGs（国際連合）
2015.12	パリ協定（国際連合）
2018.04	GHG排出削減初期戦略（IMO）
2019.12	欧州Green Deal
2021.03	FuelEU Maritime

SDGs（持続可能な開発目標，Sustainable Development Goals）の概念は1987年に国際連合に設置された「環境と開発に関する世界委員会」（ブルントラント委員会）の報告書にさかのぼる。2015年に国際連合サミットで「持続可能な開発のための2030アジェンダ」が採択されたが，SDGsはその分野別の目標を示している（沖，2018）。またパリ協定（国連気候変動枠組条約締約国会議，COP21）は京都議定書に代わる，2020年以降の温室効果ガス排出削減等のための新たな国際枠組みであ

る。さらにEUは欧州Green Deal（2019年12月），FuelEU Maritime（2021年3月）等，二酸化炭素排出に関する規制を域内の船舶に対して強化している。

したがって，わが国においても既存の船舶の運航が難しくなり，新たに建造する場合も燃料の転換が求められる。GHGの影響により，化石燃料ニーズの見直しをしたり，船用燃料を重油から液化天然ガス（LNG），将来的には水素やアンモニアへと転換する方向性が明らかである。前述のようにIMOは2018年にGHG排出削減初期戦略を採択し，2050年時点（2008年比）で国際海運全体で温室効果ガス排出総量を

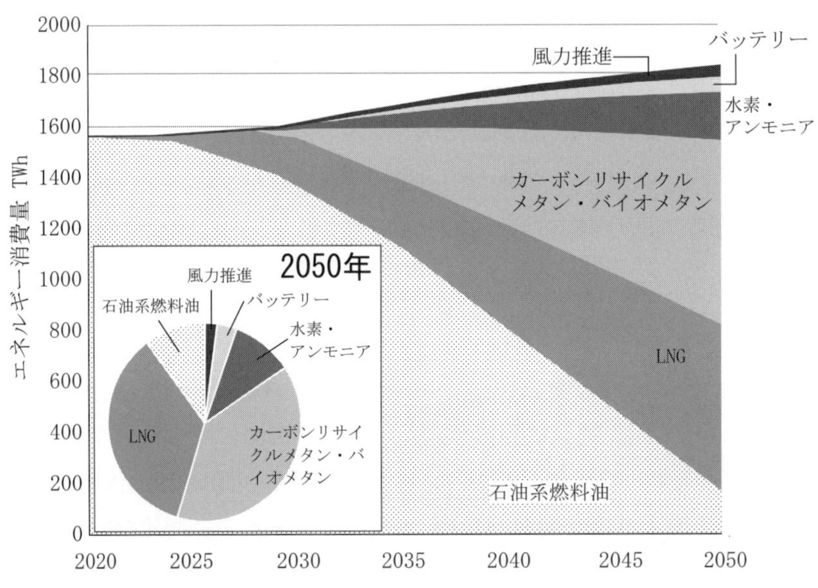

出典：国際海運GHGゼロエミッションプロジェクト（2020）

図3-1　国際海運におけるエネルギー消費に占める各燃料等の割合

50％以上削減する数値目標が決められた。わが国においては，燃料，スピード，設計，回収の相互効果によって総合的に削減することが掲げられている。燃料に関しては，国際海運GHGゼロエミッションプロジェクト（国土交通省・日本船舶技術研究協会共催。日本財団支援。産学官の海事関係者が参加するプロジェクト）は，石油系燃料油からカーボンリサイクルメタン・バイオメタン，LNG等に船舶燃料が進んだ場合のシナリオを**図3-1**のように描いており，今後の大きな変化が予測される。

3. 民間によるGHG排出削減策

次に，民間による主要なGHG排出削減策である（1）ポセイドン原則，（2）Getting to Zero Coalition，（3）Sea Cargo Charterを説明する（**表3-2**）。

表3-2　民間による主なGHG排出削減策

2019.06	ポセイドン原則（Poseidon Principles）
2019.09	Getting to Zero Coalition
2020.10	海上貨物憲章（Sea Cargo Charter）

（1）ポセイドン原則（Poseidon Principles）

IMOが採択したGHG削減戦略に呼応した民間金融機関主導の取り組み（部門特定型気候変動適合性協定）として，ポセイドン原則は2019年6月に船舶ファイナンスを手がける11の欧米主要金融機関により創始された。創設にあたっては，世界の主要海運会社の協力を得たほか，Global Maritime Forum（グローバル海事フォーラム），Rocky

Mountain Institute, University College London Energy Institute, UMASから専門的支援を受けた。

ポセイドン原則は，船舶ファイナンスの対象船舶について，毎年GHG排出削減努力の達成度を評価し，各金融機関は自らが手掛ける船舶ファイナンスのポートフォリオ全体のGHG排出削減努力貢献度を算出し公表するものである。つまり，金融機関はポートフォリオ全体のGHG排出量を削減するために，金融機関から海運会社に対して個別融資の際にGHG削減を働きかけると見込まれる。海運会社にとっては，地球温暖化対策への取り組み度合いに応じて安定的に資金を確保できると考えられる一方，取り組まなければ融資を受けることが難しくなることを意味する。

ポセイドン原則は，①気候変動への適合性評価（Principle 1:Assessment of climate alignment），②説明責任（Principle 2: Accountability），③実行（Principle 3: Enforcement），④透明性（Principle 4: Transparency）の4原則から成る。

2019年にポセイドン原則に署名した金融機関は11であったが，その後22まで増加した（2021年2月現在）。日本の三井住友信託銀行も2020年に署名している。この22金融機関の船舶融資残高は総額1,650億ドルにのぼり，世界全体の船舶融資残高の3分の1以上に相当する（山崎，2021）ため，そのGHG削減に対して多大な影響力を有している。

（2）Getting to Zero Coalition

企業・機関連合であるGetting to Zero Coalitionは，IMOが定めたGHG削減目標（国際海運全体で2050年までに2008年比でGHGを50％削減）を達成するために，2030年までに外航航路でゼロエミッション燃料による船舶の運航を商業ベースで実現することを目指している。Getting to Zero Coalition は非営利団体（Global Maritime Forum, Friends of Ocean Action, World Economic Forum）のパートナーシップをもとに2019年9月に設立された。主要国政府と政府間組織（Intergovernmental Organizations, IGOs）にサポートされており，海事，エネルギー，インフラ，金融各部門を代表する140社以上が参加している。

（3）海上貨物憲章（Sea Cargo Charter）

2020年10月，荷主，用船者等である資源・穀物・海運世界大手17社はGHG排出量をIMO目標に照らして定量的に評価・公表する共通枠組みを制定，署名した。総トン数5,000トン以上の国際航海に従事する船舶（乾貨物船，ケミカルタンカー，油タンカー，液化ガス運搬船）が対象で，個船の評価結果を加盟者（荷主等）の「船種・サイズ別」「フリート全体」でまとめ，加盟者がレポート公表すると共に，海上貨物憲章の事務局も毎年公表するとされている（山崎，2021）。

以上，経済のグローバル化についてアンバンドリング（分離）の視点からの分析を紹介し，今日のサプライチェーンマネジメントの成り立ちの理解に努めた。また今日の国際物流界は，国際機関等に具体的なGHG削減目標を課されている。これに呼応する形で民間主導のGHG排出削減策（ポセイドン原則，Getting to Zero Coalition，海上貨物憲章）が形成されてきていることを説明した。

本章で学習したことは次章以降の各テーマ（海運，港湾，国際物流，国際海事管理等）のなかで更に詳細に解説されるものもある。本章は後章を理解するために重要な基礎知識を概論的に示した。

《学習のヒント》

1．デジタル化の進展にともない，国境をこえた分業という意味で，どのような新たなサービスが出現するか考えてみよう。
2．EU が脱炭素化の推進に熱心なのはなぜか。自分なりの答えを出してみよう。

引用文献

石澤直孝（2021）「ステークホルダーを魅了できるストーリーを語れる人材を育てる」『KAIUN』No.1123，pp.42-46

岩城耕平（2021）「国土交通省のゼロエミッションに向けた取り組み：最近の国際動向と日本の戦略」〈https://www.jasnaoe.or.jp/lecture/pdf/e.210224.01.pdf〉（2021 年 2 月 28 日検索）

沖大幹（2018）「2030 年の SDGs 達成と Beyond SDGs に向けて」，『SDGs の基礎』第 6 章，事業構想大学院大学出版部

経済産業省（2020）『令和 2 年版 通商白書』〈https://www.meti.go.jp/report/tsuhaku2020/pdf/2020_zentai.pdf〉（2021 年 2 月 28 日検索）

国際海運 GHG ゼロエミッションプロジェクト（2020）『国際海運のゼロエミッションに向けたロードマップ』〈https://www.mlit.go.jp/common/001377661.pdf〉（2021 年 2 月 28 日検索）

ポーター，M. E.（2018）『［新版］競争戦略論Ⅱ』竹内弘高訳，ダイヤモンド社

ボールドウィン，R.（2018）『世界経済大いなる収斂：IT がもたらす新次元のグローバリゼーション』遠藤真美訳，日本経済新聞社

山崎雅雄（2021）『国際海運からの GHG 排出削減にむけた業界の動向』〈https://www.jasnaoe.or.jp/lecture/pdf/e.210224.05.pdf〉（2021 年 2 月 28 日検索）

4 海運について（1）

合田浩之

《目標＆ポイント》 ①日本の外航海運の概要とその必要性について理解する。②海運業は民間企業によって営まれる。その活動は純然たる営利事業として行われ，外航海運では企業の本拠地が先進国から発展途上国まで多様なものとなっており，そのような企業同士で競争が常に行われていることを理解する。

《キーワード》 商船，軍艦，海賊，便宜置籍船，IMO

1．日本列島の生活を支える……船の必要性

1872（明治5）年の日本の人口は3,480万人であった（[総務省統計局]）。2020（令和2）年の住民基本台帳に基づく日本人の人口は1億2,427万人である（『総務省自治行政局住民制度課』）。

江戸時代は，その時代を通じて海外貿易が継続され，海外からの文物の渡来，近隣国からの外交使節団・商人の来航も続いていた。だから，江戸時代を「鎖国」の時代と呼ぶのは正しくなく，国民の海外渡航のみを禁じる「海禁」の時代と考えられている。

しかし，日本列島に住む人々の生命を維持するための食糧や資源を海外から輸入していたわけでないことは確かであるから，江戸時代とは，自給自足の経済の時代と考えることができる。そのような経済の下では，日本列島は3,000～4,000万人の人々を維持できたといえるだろう。

他方，現在の日本列島には，明治初期，すなわち貿易を始めて間もな

い頃の3〜4倍の人口が維持されている。その間，国土の領域には変遷があったが，現在の国土は，明治初年の頃のそれにほぼ復している。明治初期と現在との間に増加した人口は，領域内の食糧生産力の向上によって支持されている部分もあろうが，貿易，すなわち，海外からの食糧や資源の輸入によって支持されている部分が大半であろう。

日本の領域の持つ人口支持力で支えられぬ人口の生存については，海外移住という形で解決するという手段も，理論的には考えられる。1945（昭和20）年の敗戦までは，そのようなことも広く試みられた。

戦後も，昭和30年代までは海外移住もみられたが，高度成長が本格的になると，列島に暮らす人々は，基本的には，移住せずに列島で暮らすことを継続する道を選んだ。輸出によって，決済通貨（外貨）を稼ぎ出し，その中から日本列島で必要とする食糧や資源を輸入する原資を充当するということを選んできた。

ただし，最近では，①国内で，稀少性を持つ財貨は，食糧・資源だけでなく労働集約的に（＝低賃金労働によって）生産される財貨（衣服・汎用的な家電製品・IT製品）も多く含まれ，②外貨を稼ぐという意味では，財貨の輸出よりも第1次所得収支の黒字＝海外への直接投資からの収益の方がはるかに大きくなっている。

貿易貨物を輸送する手段としては，船舶による海上輸送がほとんどである。一般社団法人日本船主協会の数字によれば，2019（令和元）年の貿易貨物は海上輸送分が8億9,758万トン（船舶の分担率が99.6％），航空輸送分が371万トン（航空の分担率が0.4％）である（[一般社団法人日本船主協会]）。

船が貿易貨物の輸送に供されているのは，一度に大量の貨物輸送が可能であるという特性を持つからにほかならないが，それが廉価に実現するというところに産業上の意味がある。国土交通省海事局は，日本の外航海運会社の運賃収入の総額と，全世界での貨物輸送量を毎年把握している（[国土交通省海事局]）。その数字から計算すると，2019年の船の運賃水準は，貨物重量1キログラムあたり平均3円12銭である。なお，この国土交通省海事局の資料では，日本の主なる海上貿易貨物の輸送重量と貿易金額をも公表している。これをもとにして，例えば輸出される機械類について，海上運賃と海上保険料を加味して，日本の輸出国に到着した時の機械類の価格を計算し，これを分母として運賃の占める割合を計算すると，0.7％に過ぎない。このことにより，「船は，国境の意義を希薄にし，世界を一つとする力を持つ。」と言えるかもしれない。

ちなみに全日本空輸株式会社による国際航空貨物の平均運賃は貨物重量1キログラムあたり118円であった（[ANAホールディング株式会社]）[1]。

いずれにしても，日本列島の人々の生存は，船舶の海上輸送，しかも，その安全運航によって維持されている。その船舶は，日本商船隊の商船に関して言えば，民間企業が所有する商船である。日本政府・日本の地方自治体が所有する船ではない。日本に寄港する外国の商船の中には，外国の国営海運会社に所属する船も確かに存在するが，海上輸送の世界は，世界で近代国家が形成される以前から，民間企業―商人が自律的にその秩序を形成してきた。

民間企業の船舶は，基本的には非武装，丸腰である。日本と海外を往来する船舶の航路は，平和の海であることが求められている。幸いにして，1945（昭和20）年の終戦以来，日本の商船の航路（シーレーン）は，おおむね平和が維持され，（自国ないし同盟国である米国などの）海軍力によって通商路の擁護（日本商船の擁護）が必要となる局面は，数次の中東における紛争を例外とすれば，極めて限られていた。

しかし，長く平和が維持されてきた実績があったということは，将来

1　学生諸君は，宅配貨物をトラック運送会社に托すとき，その支払運賃を貨物重量で割ってみてほしい。船が，廉価な貨物輸送手段であることに気付くであろう。

も平和が維持されるということを，意味するわけではない。目下，インド洋のアデン湾周辺や東アフリカのソマリア沖を航行する商船（日本商船も含む）は日本の海上自衛隊を含む各国海軍の護衛を受けている。それは，当該海域で海賊が猖獗(しょうけつ)しており，時々，商船に被害（船員の私財への強盗，船員の身代金目的の拉致(らち)，船舶・貨物の強奪）が生じているからである。

商船（あるいは漁船）は，洋上に莫大な財産を浮かべていると考えることができる。船が洋上に浮かべる「財産」を奪取しようという主体が生じ得る。そのような主体こそ，海賊であり，洋の東西を問わず，古くから海賊は存在し，海域によっては現在でも存在することは，いま述べた通りである。

歴史上の海賊には，君主の公認によるものさえあった。そういった君主は，海賊行為に投資して，リスクを引き受け，その配当を期待した。君主によって公認された海賊船を私掠船(しりゃくせん)と呼んでいる。現在では，私掠船は国際法で禁止されている。

海軍が生成される以前は，商船は自ら武装した。それは，軍艦と商船が分離される時代（17 世紀）より前の時代の話だった。

また，このような洋上の「財産」は，貨物の目的地の経済，目的地の人々の生活を支えるものである。だから，商船を洋上で破壊し，貨物の到着を妨害する，あわよくば貨物と船を奪い取ることは，目的地の経済を破壊し，人々の生活を危険に晒す。戦争においては，国家は，敵国の交戦力に打撃を与えるために努力する。先に説明した私掠船も，君主がその海軍力に代替して，敵国商船や敵貨の拿捕に用いたこともあった。

海軍は相手国の通商破壊に注力すると同時に，自国の通商を敵国海軍の破壊から擁護するものである。軍艦の任務は，相手国の軍艦を撃滅することだけではない。

2. 人類が海洋で活動する手段としての船舶

ところで，船舶の用途は，人や財貨の輸送だけを用途とするものではない。陸上で暮らす人類が，海洋で活動するための道具である。

海洋で活動するということは，輸送以外では，海洋から付加価値を獲得する活動である。具体的には，以下のような活動である。

・水産物の漁獲，養殖

・海洋土木工事，

・海底資源の採掘（石油・天然ガスがほとんどであるが，南部アフリカ，ナミビアではダイヤモンドの採掘が商業化されている。），

・海洋でのエネルギーの獲得（洋上風力発電〈商業段階〉）や海洋からのエネルギーの獲得（温度差発電，潮流発電，潮汐発電〈いずれも開発段階〉）。

3. 国際競争の下での日本海運

（1）外航海運における「海運自由の原則」

海運業は，内航と外航とに区分される。国内航路のみの海上輸送を担うのが内航であり，国内と海外，海外と海外との間の海上輸送を担うのを外航と呼ぶ。

内航海運は，ほとんどの国で，沿岸国の国籍の船だけに就航を許す制度が用意されている。日本では，内航の海上輸送を沿岸輸送と呼ぶ。国土交通大臣の特許がない限り，沿岸輸送は日本籍船に留保されている。

他方，外航海運については，今日，政府が市場に介入し，自国の海運会社（その海運会社の運航する船が，自国に船籍を有するとは限らない）に当該国関連の貿易貨物の船積みを優先付けるという事象は，ほとんど見られない。過去において，先進国より経済発展が途上段階にあっ

た国が，自国の海運会社を優遇する政策を発動したことがあった[2]。戦前はともかく，戦後は，多くの場合，その政策が長期的に持続され，当該国の海運会社が成長した事例はあまりない。

このことを外航海運には「海運自由の原則」という政治原則が存在する，という表現をする学者もかつてはいた。

（2）船社の経済

表現はともかく，このことは，外航海運には法制に基づく市場参入障壁は，各国にほとんどないということである。すなわち，外航海運会社は，どの国に本店を置こうが，途上国と同じコスト構造（特に人件費）を擁し，先進国と同等の品質のサービスを提供しない限り，市場から撤退せざるを得ないという状況の下にあることを意味する。

商船の経済を考えよう。

まず，海運会社は，商船を所有し，いつでも稼働できるようにして，荷主からの輸送需要に応じられるように待機していなければならない。この部分のコストが固定費（「船費」と呼ぶ）になる。すなわち，

○船を取得・所有するためのコスト：

固定資産税・減価償却費・金利（借入金で船舶を取得した場合）

○船を財産として維持するためのコスト：

修繕費（修理部品・ドック入りの費用）・潤滑油代・保険料・一般管理費

○船員費

貨物輸送を受注したら，船が稼働することで費用が生じる。これは変動費になる。海運界では運航費と呼ぶ。港費・荷役費・代理店料・燃料費といったものである。

航路が定まれば，変動費の部分は，どの船社も，船の大きさがほぼ同

2　一番古いものとして，1651年の英国・航海条例。これは当時，欧州・大西洋で卓越していたオランダ海運に対して，英国海運の保護育成を目的として制定され，その目的は達成された。

じであれば，大きな差異が生じるわけではない。また，運賃が，各船社で大きな格差が生じるとは考えられていない。海上輸送というサービスそのものにおいて，付加価値の差が生じることは，遠い昔ならともかく，30〜40年前くらいから，考えられなくなってきたからである。

したがって，船社の競争力は，固定費（船費）の部分で格差が生じることになる。

もっとも，固定費（船費）の部分ではあるが，修繕費や潤滑油代，保険料といったものは国際市場の商品であるから，船主によって大きな差がつくかどうか疑問がある。

しかし，税制・ファイナンスに関係する部分，そして人件費（一般管理費のかなりの部分，船員費）は，船主がどの国に法律上の本拠を置くのかによって，大きく異なってくる。

いいかえれば，外航海運の競争力とは，資本と労働を如何に組み合わせるか，そして，資本蓄積に影響を与える税制にどう対処していくか，ということで決まってくるのである。

（3）便宜置籍船

国連貿易開発会議（UNCTAD）の刊行するReview of Maritime Transportは，毎年，各国の商船隊（その国の企業が，外国に登録して支配している船隊を含む。）のランキングを発表している。

2020（令和2）年1月時点での数字では，1位（順位は船腹量）がギリシャ（4,648隻，船腹量；3億6,385載貨重量トン，世界シェア17.77％［船腹量，以下同じ］）であり，2位が日本（3,910隻，船腹量；2億3,313万トン，世界シェア11.38％）である（[UNCTAD]）。以下，3位中国本土[3]（世界シェア，11.15％），4位シンガポール（6.70％），5位香港（4.93％）6位ドイツ（4.37％），7位韓国（3．93％），8位ノル

3　香港・台湾は別の船籍制度がそれぞれ存在する。

ウェー（3.17％），9位英領バミューダ諸島（2.95％），10位米国（2.79％）といった国々が並ぶ。すなわち，日本海運は，世界に伍する高い競争力を有するということができるだろう。

日本の海運会社が支配する商船は，上述の国連貿易開発会議の統計によれば，船腹量（載貨重量トンでの計算）の84.21％が海外置籍ということである。

船主が，その所有する船を，船主の実質的に所在する国とは別の外国に，外国子会社を設立し，その子会社に船を所有させて，その外国に船籍登録する（＝置籍する）ことを便宜置籍とよび，そのような船を便宜置籍船と呼ぶ。しかし，全世界の商船の輸送能力にして71.8％が便宜置籍船であり，便宜置籍船自体，とりたてて珍しいことではない。

＜日本の商船隊と便宜置籍船＞

日本商船隊とは，「日本企業」が，「外航貨物の輸送を担わせる船舶」のことであり，日本籍船の商船と外国用船の商船を合わせたものである。外国用船とは，日本企業が外国船主から用船（用船料＝借船料を支払って，船を賃借すること）し，日本企業が運航管理する商船をいう。

外国用船の中には，日本企業の外国子会社の所有する船（当該国に船籍登録されている船）が相当含まれている。つまり，日本の商船隊には，日本企業の便宜置籍船が多く含まれている[4]。

日本の海運会社が便宜置籍船を持つ理由の中で一番大きな理由は，外国人船員を配乗（船に乗り込ませること）するためである。日本の海運会社が本格的に便宜置籍船を使うに至ったのは，1970年代半ばである。

4　このような外国子会社は，パナマ，リベリア，マーシャル諸島，といった国に設置される。こういった国々に設置される外国子会社は，船舶所有だけが目的とされる法人であり，書類上の存在で実体がない。実体がないというのは，当該国に登録されているが，実際に事務所があるとか，事務員が常駐しているというわけではないという意味である（当該国の弁護士などが代理人になっていることはある）。役員は，日本の親会社の関係者が選任され，役員会は，親会社の所在地で開催されていることがほとんどである。

この時代は，一つには，日本が先進国の一員であると，多くの日本人が実感を持つに至った時代であろうが，まさにそのような時代になると，先進国である日本の陸上産業と同水準の賃金を，日本人の船員が得るようになるわけであるが，それは途上国の船員との対比では，高い賃金ということになったからである。

加えて，この時代は，通貨が変動相場制に移行し，円はドルに対して持続的に評価が高まっていく時代の始まりであった。国際海運の世界は，運賃も用船料も基本的に基軸通貨建ての世界である。古くは英国ポンド建て，1960年代以降は米ドル建てで今日に至る。ドル建てに換算すると日本人船員の賃金は，仮に円建てで賃金が上昇しなかったとしても，年々割高になっていった。

外国人船員とは，アジア人船員のことで，当初は，韓国人船員が，ほどなくしてフィリピン人船員が起用された。

船員は，船長，機関長を頂点とする職位による階級が，確立している職業である。軍隊でいえば，下士官・兵卒に該当する部員，将校以上に該当する職員（士官）に大別され，日本の便宜置籍船では，はじめは，部員のみが外国人に置き換えられ，職員は日本人であった。

しかし，徐々に職員の下位の職位（3等航海士，3等機関士，通信士等）も外国人に置き換わり，当該外国人職員が，昇進をするごとに，徐々に上位の職位も外国人船員に置き換えられていった。また1990年ぐらいになると外航船員を志す日本の若者の絶対数が減少し，日本人職員にこだわると，要員が確保できなくなった。

2000年ぐらいには，運航に高度な技術を要する特別な船（原油タンカーや液化ガス輸送船［LNG船］）を除くと，船長・機関長も外国人（フィリピン人，インド人）に置き換わった[5]。本書の執筆時点

5　細かなことになるが，日本の船員の雇用は，陸上社員のそれと同じように「期間の定めのない雇用」である。ところが，ほとんどの海外の船員は，船長，機関長といえども，航海の始まりを以て雇い入れ，航海の終わりを以て雇止めとなる，期間雇用である。したがって，日本の海運企業に限って言えば，船員の外国人化ということは，船員という専門職の労働者集団を，正規雇用から，期間雇用に置換していく動きでもあった。

(2020年12月）では，原油タンカーやLNG船の船長・機関長も，フィリピン人，インド人となっている。

日本の主要な海運会社は，40年程前から，自前の正規の船員の養成学校を設立，運営してきた。中には，フィリピン高等教育庁の認可を受けた正課の4年制大学（学士号を授与する）としての商船大学を設立した企業もある。

フィリピンはこの40年間で，国際的にも有力な船員供給国に育っている。その発展には日本企業の貢献は大きい。これは，日本企業によるタイにおける自動車産業の育成に匹敵する国際経営史上の出来事と筆者は考える。

図4-1　日本郵船株式会社がフィリピンのTransnational Diversified Groupと共同運営する商船大学NYK-TDG MARITIME ACADEMYの卒業式典（2019年11月）

〔写真提供：日本郵船株式会社〕

<便宜置籍船の歴史>

船主が，その所有する船に対して，外国（有力な国）の外交保護権を得るべく，自国ではなく当該の外国の旗を掲げるということは，近代以前の古くからしばしば見受けられた。

戦時下においては，自国籍船は，自国政府に徴用される可能性がある。敵国籍の商船ということであれば，相手国海軍に拿捕される可能性がある。したがって船主がその商船を中立国の船籍に移すことは，ごく普通のことである。

現代的な意味での便宜置籍は，平時に船主が，経済的理由から行うものであり，戦間期，すなわち第一次世界大戦後，第二次世界大戦前に，米国や欧州の一部の船主が，主にパナマに置籍した。

米国船主が，パナマに置籍した理由は，三つあった。

一つには，米国籍船は，米国の造船所で船を建造しなければならないが，その当時，欧州の造船所よりも割高なものしか作れなかった。

二つには，米国籍船には米国人船員を配乗しなければならないが，相対的に割高な米国人船員を配乗することを避けたかったのである。（この時代，米国には禁酒法が全米レベルで施行され，米国籍の客船では，客に酒を供せなかった。このことも，理由の一つになる場合があったが，禁酒法からの潜脱が，便宜置籍の最も大きな理由だったわけではない。）

三つには，欧州の船主，それは在英のノルウェーの船主もそうであったが，法人所得税の節税という目的があった。パナマは，現在もそうであるが，タクス・ヘイブンだからである。今日でも便宜置籍船を利用する理由の一つに節税があると説明する文献に出会うことがあるが，それは明らかに間違いである。例えば日本では1979（昭和54）年からタクス・ヘイブン対策税制が実施され，軽課税国に設置した外国子会社については，日本の親会社と合算して，日本の税法が適用されているからである。

さて，第二次大戦後，米国船主とギリシャ船主が，主なる便宜置籍船の利用者であった。ギリシャ船主は，米国の製鉄会社・石油会社から長期用船契約を獲得し，その用船料収入を引き当てに，米国の金融機関から船舶建造融資を受けた。ギリシャは，社会主義国となった旧東欧諸国に隣接し，かつ，戦後すぐは，共産党が第一党だったことから，共産主義化，すなわち，民間企業の所有する資産の国有化の懸念があった。したがって，ギリシャ籍での建造を，金融機関が難色を示した。これが便宜置籍船の利用の理由であった。

＜国際条約と便宜置籍船＞

船籍国は，自国法令を施行することで，自国籍の船舶と，その船員に対して，行政権を行使する。そのことで，船舶・船員の質を担保し，船舶の安全，ひいては海上の安全を実現する。もっとも，理屈で考えれば，船籍国が，船舶に対する法令を整備しない，あるいは，法令を整備しても，適切に実施しないということもあり得る。また，海事法令を実施するには，海事（造船・海運）について専門的な知識を持つ人材が必要となる。

1950年代から1970年代くらいまでは，便宜置籍船の登録を受け入れる国々（便宜置籍国）については，そのような国々の法令の整備状況や，海事行政能力については，疑問があったことは確かである。その頃，便宜置籍船を持つ海運企業については，船舶に対する規制が緩い国に船舶を登録することで，修繕費等を節約する，すなわち安全を犠牲にして利益を追求しているという論難がなされることもあった。

しかし，1970年代から，IMO（国際海事機関）によって，船舶の安全に関する構造要件についての国際条約（SOLAS 条約）は強化され，船舶を原因とする環境破壊の防止のための国際条約（MARPOL 条約），船員の品質担保に関する国際条約（STCW 条約）も制定，年々強化されている。ほとんどの便宜置籍国も条約に参加している。

便宜置籍国の行政執行能力は，強化されている。船舶の世界では，近代以前から，中立的な非営利機関としての「船級協会」が存在する。船級協会とは，一言でいえば，船舶の技術者集団であり，船舶の品質の格付け機関である。船級協会のルールにしたがって，きちんとした船を建造し，定期的な検査に合格すれば，「クラス」を付与するという形で，その船が一定の品質を有していることを公証する。

商業民間保険の世界では，外国貿易に供される船が，有力な船級協会からクラスを付与されていることが，船舶保険を受け付ける条件（裏を返せば，クラスを付与されない＝安全な船として建造されていることを公証されていない船には，損害保険をかけられない）とする古くから商慣行が厳然と存在している。

船級協会は，全世界に検査員のネットワークを有している。このソフト・インフラを前提に，船級協会は，各国から「政府としての船舶の検査について，権限を代行する」契約を獲得している。逆に言えば，このような形で，便宜置籍国も，自国籍船に対する行政能力を高めた。

そして，前述の IMO の国際条約は，ポート・ステート・コントロール（入港国による外国船舶の検査）と呼ぶ制度を導入した。

すなわち入港国が，入港した外国船舶に検査員を送り込み，国際条約の順守状況を検査する権限を持つ。場合によっては，入港国は，条約の順守状況の悪い船舶について，その出帆を，是正がなされるまで差し止めることができるようになったのである。

こうなると，船主にしても，船籍国としても，国際条約の順守，すなわち船舶・船員の一定の品質を維持する経済的誘因が生じ，そのための必要な努力を励行せざるを得なくなる。

（4）海運特殊税制

国際海運の世界では，船の運賃・用船料は，「時価」である。不定期船やタンカーの運賃，用船料は，その時その時の世界全体での船腹需給を反映して，定期船（コンテナ船）の運賃は当該航路の船腹需給を，用船料は世界全体での船腹需給を反映して，日々変動する。変動幅は，10 年間の間に，最高値が最安値の数倍以上というような大きなものである。

船は，ハイテクの製造業の製品である。しかし，その新造価格は，船を船主が造船所に発注する時点での，世界全体での造船所・船台の予約状況で定まり，決して，製造原価を反映するものではない。中古で船が売買される場合でも，その価格は，やはり，商談時点での世界全体での船の需給関係を反映して定まる。取引される船の簿価がどうであるか，ということは約定価格には反映されない。船価の変動幅も，運賃・用船料と同じように大きなものである。

しかも，船の運賃，用船料，中古船価，新造船価は，すべて市場に公開されており，市場の参加者は，そのような価格情報を知悉している。

また，世界中，どの船会社が，どの造船所に，どのような船を発注しているのか，その船がおおむねいつごろ竣工するのかは，やはり，市場に公開されている。したがって，世界の船会社が，どんな船（大きさなどの諸元，得意とする貨物の種類，船籍，建造した造船所，船齢など）を持っているのか，ということも，市場には公開されている。

だから船の供給については，市場参加者は知っている。他方，船の需要，貨物量は，船の供給に比べると不完全であるが，ある程度は推知できる。

要するに，国際海運の市場とは，情報開示が完全に近い教科書的な自由市場であり，その市場で成立する価格（運賃・用船料・船価）も教科書的な市場価格である。一次産品，外国為替，株式，金利といったものと，船は似たような財なのである。

このことについて，海運企業は，収益の安定を維持することが，他産業に比較して難しい部類に入るという認識を持つ。他産業と比較するのは，投資家は，各産業の特殊性などよりも，自身が資本を投下する産業・企業からどれだけ確実に，大きな配当を得られるか，ということだけに興味を持つことを知っているからである。

このことに対して，海運市況の良い時に徹底的に資本蓄積を進め，不況期に持ちこたえるという経営が志向される。だから，主要海運国（欧州諸国が，導入に当たっては先行した）は，海運業に対する特殊税制を用意する。トン数標準税制と呼ぶ「外形標準課税」による所得税である。日本においても導入がなされた。

これは，船隊の規模に一定の係数をかける形での所得税である。したがって，海運企業の所有する船隊の規模が一定であれば，その収益の如何にかかわらず（赤字であっても），法人税の納税額は一定となる。すなわち，海運市況の良い時に，資本蓄積を厚くすることが可能となるのである。

さらには，海運業の収入（運賃・用船料収入，船舶の売買益）に対する軽課税をもって，世界から「実体のある海運業」を誘致する国もある。シンガポールが，まさにそういう国であり，日本の海運企業の中には，本社機能をシンガポールの子会社に移し，船隊の一部を当該，シンガポールの子会社の所有とする企業が増えている。中には，商法上の本店（親会社）そのものをシンガポールに移転し，日本企業ではなくなってしまっている企業も生じている。

《学習のヒント》

毎年「海の日」には，大きな港を持つ都市では，船と親しむイベントが開催される。船会社が貨物船を公開することも少なくないので足をのばして欲しい。

引用文献

ANA ホールディングス株式会社（2020）『ANA ホールディングス株式会社　説明会　2020 年 3 月期決算』〈https://www.ana.co.jp/group/investors/data/kessan/pdf/2020_04_1.pdf〉 2020 年 12 月 28 日アクセス

国土交通省海事局（2020）『数字で見る海事 2020』〈https://www.mlit.go.jp/maritime/content/001355769.pdf〉 2020 年 12 月 28 日アクセス

社会保障人口問題研究所（2020）「表 1-1 総人口および人口増加：1872～2018 年」『人口統計資料 2020』〈http://www.ipss.go.jp/syoushika/tohkei/Popular/P_Detail2020.asp?fname=T01-01.htm〉 2020 年 12 月 28 日アクセス

総務省自治行政局住民制度課「住民基本台帳に基づく人口，人口動態及び世帯数のポイント（2020 年 1 月 1 日現在）」〈https://www.soumu.go.jp/main_content/000701578.pdf〉 2020 年 12 月 28 日アクセス

一般社団法人日本船主協会『日本の海運 Shipping Now 2020/2021』〈http://www.jsanet.or.jp/data/pdf/shippingnow2020-2021.pdf〉 2020 年 12 月 28 日アクセス

UNCTAD, Review of Maritime Transport 2020〈https://unctad.org/system/files/official-document/rmt2020_en.pdf〉より table.2.3（pp.41） 2020 年 1 月 4 日アクセス

5 海運について（2）～その歴史と今～

合田浩之

《目標＆ポイント》 ①日本の海運の歴史的事実のうち，現代の日本社会にも影響が及んでいるものについて振り返る。②例えば，江戸時代に日本沿岸の内航海運が発達したこと，通商の前提に世界の平和が大切である事実を理解する。③船の建造におけるファイナンスの重要性を理解する。

《キーワード》 近代化，海国日本，通商擁護，通商破壊，計画造船，専用船，コンテナ化

1．江戸時代に発展した内航海運

現代の日本国内の貨物輸送についての輸送手段別の分担率は，**表5-1**の通りで，輸送距離まで加味した輸送重量（トンキロ）では，内

表5-1　日本国内貨物の輸送期間別輸送量（2018年）

	輸送トン数（1,000トン）	x構成比	輸送トンキロ（100万トンキロ）	構成比	平均輸送距離
自動車	4,329,784	91.6％	210,467	51.3％	48.6
内航海運	354,445	7.5％	179,089	43.7％	505.3
鉄道	42,321	0.9％	19,369	4.7％	457.7
航空機	917	0.0％	977	0.2％	1,065.4
合計	4,727,467	100.0％	409,902	100.0％	86.7

出典：総務省統計局（2018）『日本の統計』　第13章　運輸・観光　13-1　輸送機関別輸送量　より筆者作成

航海運が貨物輸送の半分近くを支える。

距離を加味しない輸送重量では，内航海運は3億5,444万5,000トンの貨物を輸送しているが，そのうち，文字通り「海に囲まれて」「どの都道府県とも陸続きでない」沖縄県[1]を発着した貨物は，合計986万トン（2.8％）に過ぎない。日本国内を船が運ぶ貨物のほとんどは，地続きの地域相互を行き来していることになる。

荷主は，輸送業者に貨物輸送を依頼する時，1度の注文で，どれ位のロット（貨物量）で依頼するのだろうか？　その2015（平成27）年の平均は，鉄道8.86トン，トラック0.79トン，海運149.39トン，航空0.02トン（国土交通省『全国貨物純流動調査（物流センサス）報告書』〈平成29年3月〉89頁）である。つまり1度に大量に貨物輸送を望む場合，陸続きであろうがなかろうが，船舶を利用するのである。重量あたりの運賃では，船舶が低廉であることは，すでに第4章で学習した。

このことは，江戸時代の人は直感的にわかっていた。江戸時代には，日本全国の沿岸航路が整備された（西廻り航路・東廻り航路）。そして，全国で生産された米（や地域の特産品）は江戸・大坂といった大市場に河川を経て海上輸送された。

加えて，当時の中心的な工業都市であった大坂・京都から江戸への工業製品の輸送も船に委ねられた（菱垣廻船・樽廻船）。江戸時代は，廻船――今で言う内航海運が発達し，日本社会を支えた。

2020（令和2）年4月1日現在，日本の港湾（商港，漁港を含まない）は993港ある（国土交通省）。その港の歴史をたどれば，そのほとんどが，少なくとも江戸時代にはさかのぼることができるだろう。この993という数字だが，海に面していない滋賀・奈良・岐阜・長野・山梨・埼玉・群馬・栃木7県を差し引く40都道府県を分母にすると，1都道府県あたり24.8港ということになる。文字通り「全国津々浦々」である。

1　北海道と本州は青函トンネル（鉄道），本州と九州は関門トンネル（鉄道・道路）と関門橋（道路），本州と四国は3本の橋（1本〔瀬戸大橋〕は鉄道/道路，他2本は道路）で地続きとなっている。

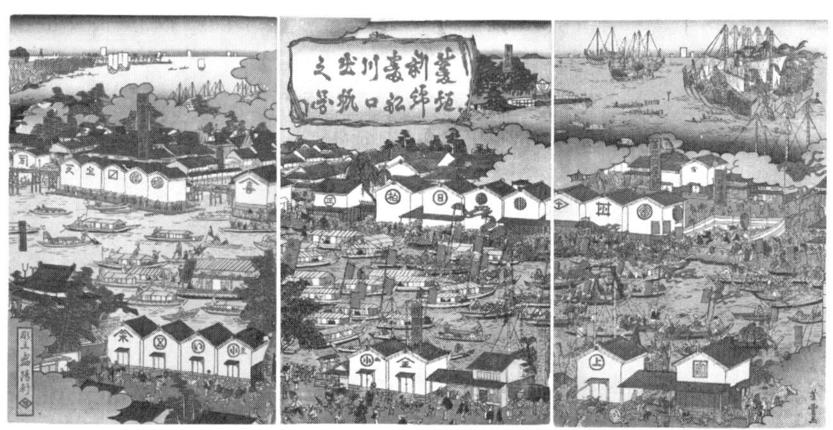

出典：「菱垣新綿番船川口出帆之図」，大阪府立中之島図書館所蔵

図5-1　「菱垣新綿番船川口出帆之図」に描かれた菱垣廻船

それは，江戸時代に発達した内航海運の遺産を承継していることを意味している。

2. 日本の近代化と船

東京大学工学部の前身の一つとして「工部大学校」（1877〈明治 10〉年—1886〈明治 19〉年）が存在した。この学校は明治新政府の工部省が設立した工科大学（卒業生に工学士号を授与した）で，その学科に相当するものとして，土木・機械・造家（建築のこと）・電気・化学・冶金・鉱山・造船の各科が置かれた。「機械」とは別立てで，敢えて「造船」という専門学科が設置されたのである！　これは，日本の近代化において，自力で船を建造するということは，国家的命題の一つであったことの現れだろう。

顧みれば，嘉永 6（1853）年，ペリーの率いる黒船が浦賀に来航した。結果，日本は翌年，開国を余儀なくされた。この国策転換を決定づけた原因は，当時の日本が，欧米先進国の持つ海軍力（蒸気船，大砲＝火薬）に対して無力であったことに帰結する。ペリーの来航時点では，厳密には，彼我の軍事力の差は，潜在的なものでしかなかったが，ほどなくして，それは実証された（「薩英戦争」〔文久3〈1863〉年〕「四国艦隊下関砲撃事件」〔文久4〈1864〉年〕）。余談ながら，ペリーは米国海軍において「蒸気船海軍の父」と呼ばれる人物であった。海軍を帆船の時代から蒸気船の時代に転換せしめたのである。

当時の日本人は，自力で西洋式の帆船ないし蒸気船を建造すること，そして蒸気船を日本人の力で運用することを志向した。

（1）西洋式帆船の日本人による建造

西洋式帆船の建造は，比較的迅速に受容することができた。「ヘダ」号の建造（安政2〈1855〉年竣工）がそれである。この船は，日露和親条約締結のために，ロシア提督プチャーチンの船「ディアナ」の代船として建造されたものである。ディアナは，下田沖で停泊中，安政の大地震による津波（安政元〈1854〉年）で大破，その後沈没した。

そこで，伊豆・戸田(へだ)村において，ロシア艦隊の将校の設計・指導のもと，日本の船大工に代船を建造させた。これは無事竣工し，ロシア側に引き渡された（**図5-2**）。

出典：「ヘダ号の図」，（公財）東洋文庫所蔵

図5-2　ロシア将校の設計・指導で日本の船大工が建造したヘダ号

江戸幕府はこのプロジェ

クトの責任者に韮山代官の江川英龍（太郎左衛門），勘定奉行川路聖謨（かわじとしあきら）をあてている。ヘダ号の建造が始まると幕府は引き渡し後，同型船の建造を川路に命じた。西洋式の帆船建造技術を取得するチャンスと考えたからである。結果，戸田村では6隻の同型船が建造された。

同型船は，江戸の石川島造船所でも建造が命じられ，4隻が建造されている。石川島の造船所は，後の株式会社IHI（石川島播磨重工株式会社），現在のジャパンマリンユナイテッドの源流の一つである。すなわち，ヘダ号は，日本の造船業の濫觴となったわけである。

（2）蒸気船の日本人による建造

薩摩藩主島津斉彬（しまづなりあきら）は，嘉永4（1851）年，藩主に蒸気機関の作成を命じる。安政2（1855）年には，蒸気機関は完成，既存船に搭載され，日本で初めての蒸気船が完成した（雲行丸）。

この蒸気機関の作成は，オランダ人フェルダムによる蒸気船技術の本を翻訳したもの（『水蒸気説略』）を手掛かりになされたものであった。

工作機械も熟練工も全く存在しない中で，ネジもやすり一本でこしらえるという形で建造されたものであるから，技術的な完成度は，残念ながら高くはないと評価されている。

実用的な蒸気船は佐賀藩による凌風丸（慶応元〈1865〉年竣工，**図5-3**）であるが，初めてロイド船級協会から船級を得ることができた，すなわち国際市

出典：「凌風丸絵図」，佐嘉神社所蔵

図5-3　佐賀藩が建造した実用的な蒸気船である凌風丸

場に通用する船として「第三者認証」を得た国産の汽船は，常陸丸（三菱合資会社長崎造船所建造，1898〈明治 31〉年竣工）であった。

（3）蒸気船の日本人による運用

蒸気船が自力で建造する能力が涵養されるには，時間がかかるとして当座，欧米諸国から蒸気船を輸入するとしても，日本側に引き渡されたのちは，日本側が自分で運航する能力がなければ意味がない。

長崎海軍伝習所（安政 2〈1855〉～安政 6〈1859〉年）の設立は，オランダの推奨によるものの，日本人に軍艦の運用能力を教育することの始まりであった。

沿岸が見えない大洋を船で航行するためには，操船者は，船の位置を確認するための天測と，地球という球面で，船の進路をとる（舵をとる）ことができなければならない。そのためには，天文学・数学（球面三角法）を理解しなければならない。蒸気機関の運転には，力学の理解も必要となる。

すなわち，軍艦の運用には，数学・物理学・天文学といった自然科学を修得することが必要となる。そして，軍艦の軍事力とは，蒸気船の迅速な機動力のみならず，その大砲の破壊力，すなわち火薬の力にある。火薬への関心は化学への関心を促した。

当時の日本では，このような数理科学を学ぶには，オランダ語の書物と，オランダ人教員の指導が必要であった。だから，そもそもオランダ語という外国語の修得が前提となった。

要するに，当時の日本にとって，船とは近代社会，文明そのものであった。船の運用を志すことは，近代社会の背後にある諸学を学ぶことであった。

実際のところ，船の運用を学ぶということが「ふりだし」だったものの，その後，船の世界に向かわず，政治・産業界・教育へと向かった人物が少なくない。その代表的な人物に，それぞれ，伊藤博文・五代友厚・新島襄がいる。

伊藤博文（天保12〈1841〉年〜明治42〈1909〉年）は，維新の元勲の一人であり，初代内閣総理大臣，貴族院議長，枢密院議長，韓国統監を歴任した。彼は，長州藩士時代に，英国留学のために英国商人ジャーディン・マセソン商会の手引きで密航した。その目的は航海術を学ぶためであった。

五代友厚（天保6〈1835〉年〜明治18〈1885〉年）は，薩摩藩士であったがビジネスマンに転じて，大阪財界の重鎮となった。大阪商法会議所（現・大阪商工会議所），大阪商法講習所（現・大阪市立大学），大阪株式取引所（現・大阪証券取引所）といった大阪のビジネス・インフラの整備に関与し，大阪商船会社（現・株式会社商船三井）といった当時のビッグビジネスの設立にも尽力した。

五代は薩摩藩士で長崎海軍伝習所に伝習生として派遣された。慶応元（1865）年に薩摩藩遣英使節団の一人として，訪欧，このことが，五代をして実業界に目を向けさせることになった。

同志社大学を開設した新島襄（天保14〈1843〉年〜明治23〈1890〉年）は，安中藩（群馬県）の藩士であった。幕府の軍艦操練所で洋学を学び，備中松山藩（岡山県）の所有する洋式帆船「快風丸」に乗り組んでいたこともあった。新島は，この快風丸で函館に向かい，函館から米国に渡航した。

この講座は，産業論として船を考える講座であるから，商船の船員の育成の足跡を顧みる。

岩崎彌太郎（1873〈明治6〉年，三菱商会を開業）が三菱商船学校（現在の東京海洋大学海洋工学部の源流）を開校して，日本人船舶職員の養成を開始したのは，1875（明治 8）年であった。すなわち，日本海運の黎明期は，外国人船員を大量に雇傭しなければならなかったのである。

欧州航路の日本郵船株式会社の所有船「博多丸」を日本人船長が指揮したのは，1907（明治 40）年である。同社が，欧州航路を開設したのは，1896（明治 29）年であり，その 1 番船「土佐丸」の船長は，ジョン・バスデート・マクミランであった。これはロンドンの保険市場が日本人船長の能力を疑い，貨物保険の引受けを認めなかったという事情があったからである。裏を返せば，産業人としての日本船員が，世界に通用するまでには，幕末を起点にして 50 年の歳月を要した。

3. 戦前・戦時中の歴史から

（1）海国日本——戦前の日本商船隊の黄金時代

横浜市の山下公園の傍らに，かつて日本郵船株式会社に所属した貨客船「氷川丸」（重要文化財，**図 5-4**）が，保存されている。

この船は昭和 5（1930）年に竣工し，シアトル（北米西岸）航路に配船された貨客船である。シアトルという港も地理・歴史上，意味がある。航空機の就航がなかった当時においては，日本から米国の西岸に最短距離（大圏航路）で船を航海させると，米国の西岸の玄関口は，シアトルとなる。ここから米国の大陸横断鉄道を利用すれば，米国の最大の消費地である東海岸の大都市まで，当時としては，最速で到達できたからである。旅客もさることながら，当時の日本の主力輸出品である生糸や絹製品といった貨物も，この経路をたどった。

氷川丸は，戦時中は病院船であったために，戦禍を免れ，戦後まで生き残った。戦前の日本の客船で現存する唯一の船である。今でもテレビ・ドラマでの戦前の外国渡航シーンが収録される際に，この船でロケ

図5-4　山下公園に係留される氷川丸
〔写真提供：日本郵船歴史博物館〕

が行われることがある。しかし，太平洋戦争が始まる前の日本商船隊を回顧すると，氷川丸よりもはるかに豪華な客船が，北米航路，欧州航路に数多く就航していた。

戦前の昭和時代，海国日本という言葉があった。その頃，外貨獲得産業としては，綿紡績業，製糸業の次に外航海運業が位置していたからである（日本銀行，1966年）。

（2）戦前の議論で承継されなかったこと

海運に関する戦前の議論を，実務家が振り返ると，博物館行きになったという印象を持つものがいくつかある。

それは，国際的な定期航路の運営会社への政府による財政支援（航路運営経費の支援や，個々の貨客船建造への支援）である。

この財政支援の議論の背景には，一つには「本国と植民地ないし経済的な勢力圏との旅客輸送を維持する」という政策，二つには有事への備え（高速の客船を海運会社に建造させ，有事には政府が買い上げて航空母艦などへ改造する。**図 5-5**）という政策が存在した。三つには「(欧米諸国への対等性を主張する）国家の威信」という価値判断が存在した。

定期船海運は，戦後，純粋な商業活動――貿易貨物の輸送に純化されたことについては，後に述べる。

日本の軍事力の行使のあり方は，戦前と戦後に大きな転換があったことは，いうまでもない。とはいえ，本稿執筆時点（2021 年 2 月）で，内航フェリーの一部について，防衛省と船主との間で使用契約が締結され，大規模災害の発生時等において防衛省が使用することになっている内航フェリーがわずかではあるが存在する。

三つ目の国家の威信という考え方であるが，確かに欧州航路の客船には，一種の文化空間が形成されていたことが確認される（和田，2016 年)。文部省『小学国語讀本　巻十一』(1938〈昭和 13〉年）には，第二十課に「欧洲航路」という読み物が収録されている。これは，小学校の校長先生が，欧州視察に出て，教え子に旅先から出したお手紙という設定で，日本から欧州までの汽船の旅の途上，見聞したことを語っている。当時の教科書は国定で小学校までは義務教育だったから，当時の

図5-5　新田丸（左）と，それを改装して航空母艦となった冲鷹（ちゅうよう）（右）
〔新田丸の写真提供：日本郵船歴史博物館〕

小学生は全て，朗々と大きな声を出して読むことが求められた。

（3）戦時日本と海運

1937（昭和12）年に勃発した日中戦争は，戦時体制（経済統制）の出発点になった。戦時日本の経済統制は，政府が市場に広範に介入する一種の計画経済と考えることができる。その目的は，軍需産業における生産を最大化させるということである。逆に言えば，軍需産業でないセクターの生産を必要最小限におさえるということである。

政府は，その生産に必要な物資と人員，設備投資資金を極力，軍需産業部門に振り分けるように，市場に介入していく。ただ，軍需産業の生産に必要な物資の中には，海外からの輸入に頼らざるを得ないものがある。その輸入のためには，決済のための外貨が必要となる。すなわち，物資の輸入のための外貨獲得能力と，安定的な海上輸送が維持されることが，軍需産業の生産を規定していた。

言い換えれば，日中戦争の時点では，日本の戦力は，究極的には外貨獲得能力と船舶に依存していたのである

日中戦争を開始した時点では，軍需生産に必要な物資の対日輸出を制限する国はなかった。また海上輸送についても，第二次世界大戦が勃発する（1939〈昭和14〉年9月）までは，途絶する航路は生じなかった（当初，欧州に限定されていた第二次世界大戦は，欧州航路への商船の配船の休止を引き起こした）。

しかし，日本が，中国を超えて，仏領インドシナ半島へと進出すると，米国をはじめとする主要国は，戦略物資の対日輸出への制限を始めた。

太平洋戦争の開始とは，先に述べた当時の日本の経済構造において，戦力を最終的に規定する要素を，船舶による占領地（東南アジア）から

日本への海上輸送能力（資源輸送）の一つに，絞りこんだものともいえるだろう。すなわち，対米開戦によって，日本は，東南アジアと日本を結ぶシーレーンの安全を担保できなければ，自国の戦力が喪失するという構図を自ら確立したわけである。

しかしながら，日本海軍は，輸送船団の護衛という点では，総じていえば，お話にならなかった。結論から言えば，開戦時に638万総トンに達していた日本商船隊は，終戦時には153万総トンにまで縮小した。

そもそも，海軍の任務は，敵国艦隊との決戦での勝利ということと同様に，自国通商擁護・敵国通商破壊が大切であるという発想が，当時の日本海軍に希薄であった。通商擁護が大切だという発想が乏しければ，通商擁護に欠けていたことを責めることは意味がない。大切なことは，なぜ，日本海軍に，そのような発想の欠如が生じたのか，ということを問い直すことであろう。

日本海軍は英国海軍を範としていたことは明らかである。そして，例えば，日露戦争の日本海海戦や，太平洋戦争における真珠湾攻撃・マレー沖海戦（航空機を活用するという革新性）といった事例から，戦術面で優秀な海軍として成長し，ある意味で出藍の誉れといえる存在でもあった。

他方，英国海軍は，その起源において，スペインなどの敵国の商船を拿捕し，略奪する「通商破壊」を任務の一つとする集団であった。このことを考えると，海軍としての模範が英国であったといっても，この根本的なことの一つを日本海軍は学ばなかった，あるいは学んでも重要な要素として認識しなかったことになる。それはなぜか，ということについて，満足のいく研究や反省がなされているとは，筆者は思わない。

4. 戦後日本の高度成長を支えて

戦前の日本は，世界第3位の商船隊を擁していた。しかし，第二次世界大戦において軍需輸送を担った日本商船隊の大半は喪失した。

1949（昭和24）年4月に経済安定本部が発表した国富被害においては，船舶の被害額73億5,900万円，被害率は80.6％であった（国富総額に対する被害額は642億7,800万円，被害率は25.4％）。

もっとも，終戦時，船主には未払い用船料，喪失した船舶の補償請求権，保険金の請求権といった政府への債権が手許にあった。このような債権が回収できていれば，日本海運の再建は，船主の自主的な投資で行われたことであろう。

しかしながら，1946（昭和21）年，戦時補償特別措置法が公布され，補償金の支払いが打ち切られた（すでに受け取った補償金についても特別税として納付）。これは海運業全体で26億円，当時の海運業全体の払込資本金の3倍程度にあたる。このことによって，日本の海運企業は，バランス・シートは毀損され，自己資金による船舶建造投資が不可能になったのみならず，固定資産を担保とする形では，銀行借り入れが難しくなった。

日本の海運企業に残されたのは，船舶を運航する，顧客営業を行うという従業員に体化された無形のノウハウだけとなった。

しかし，この無形のノウハウが維持されたことで，壊滅状態にあった商船隊は，復活の芽が開いた。

よく知られていることであるが，戦後の日本は海外から原燃料を輸入し，日本国内で加工，工業製品を輸出するといった加工貿易が戦前に増して盛んになされた。

例えば，日本の鉄鋼業・石油精製業が安定的に資源を輸入するということは，海運会社から見れば，鉄鉱石，石炭（製鉄原料炭），原油の安定的な海上輸送の需要があるということを意味した。すなわち，長期の用船契約（荷主が船を丸ごと１隻チャーターする〈＝用船する〉という契約）を船主が獲得できるのであれば，継続的な用船料債権を，荷主に対して船主は持つことになる。

言い換えれば，荷主から用船料という形で船主にはキャッシュ・フローが継続的に流入することになる。ということは，金融機関は，船が船主にもたらす用船料収入というキャッシュ・フローを，返済の原資としてローンを船主に提供する，つまり，プロジェクト・ファイナンスとして船主に船舶建造のための融資を実行することができる。

もし船主に船を安全に運航するノウハウと人材が存在していれば，船主にとりたてて担保資産が存在していなく，コーポレート・ファイナンスとして資金調達ができる状況でなかったとしても，このプロジェクト・ファイナンスを頼りに船舶を建造できることになる。

旧日本開発銀行が財政資金から船主に融資した計画造船という制度は，商船隊を喪失し，とりたてて資産を有していなかった戦後の日本の船主に対して，その船隊の再建を実現する強力な手段であった。そして，計画造船で再建された日本商船隊は，日本製造業の原燃料の安定的な輸入を支えた。

（今日では，日本の海運会社の船に対する建造資金へのファイナンスは，民間金融機関からの融資により行われている。）

日本で製造された工業製品は，定期船で世界に輸出された。

ところで，定期船の世界では，明治時代の頃から，各航路には，それぞれ国際的な運賃カルテルが存在した（これを「定期船同盟」と呼んでいた）。すなわち，有力な海運会社が同盟のメンバーとなって航路を支配する商業慣行が確立していた。同盟に加盟しなければ，商売ができないというわけではないし，実際に，少数の海運会社は，同盟に加盟せずに配船を行ったが，同盟の存在は大きかった。

戦後，多くの国で競争法（独占禁止法）が制定された際，定期船同盟は，競争法の適用除外とされ，別途，同盟を規制する法令（日本では海上運送法〈昭和24年法律187号〉の28条から32条）が定められるようになったが，基本的には，有力な海運会社が航路を支配するという構図は，日本以外のアジアの海運会社が卓越するようになる1980年代半ばくらいまでは維持されていた。同盟が存在することで，運賃が変動せずに安定化する，カルテルによる寡占的利益の発生が，船の品質向上の原資になるという風に，当時は考えられており，同盟が行き過ぎない限りにおいて，貿易の伸長に同盟は有益な面があると，日本や欧州の政府には考えられていたからである。

日本の有力な海運会社は，戦前，すでに日本に関係する各航路の同盟のメンバーになっていた。そのような海運会社は，戦時中に資格（配船権）を停止されていたが，戦後，徐々にカルテル内の権利を回復していった。つまり，船さえ用意ができれば，商売を再開できたのである。

こういった定期船用の貨物船を日本の海運会社が建造する際も，船主が同盟に加入して，安定的な経営を行う（＝返済能力を高める）前提であれば，計画造船によって建造資金が融資された。

こうして，日本商船隊は，再建を果たした。1969（昭和44）年には，戦前以来の宿願であった英国商船隊を船腹量において凌駕したのである。

2020（令和2）年1月時点，日本の商船隊が，ギリシャに次ぐ世界2位の存在であることは，すでに述べた。

ところで，戦後は，船舶の姿が戦前と比較すると大きく姿を変えた時代である。戦前は，大雑把に言って貨物船は在来船とタンカーの2種類しかなかった。戦後は多くの専用船が生まれている（**図 5-6**）。

①船の燃料と機関の変化：戦間期から重油を焚くディーゼルエンジンが普及していたが，戦後のかなり早い時期に，完全に石炭焚きの船は姿を消した。

②資源輸送（鉄鉱石・石炭・原油・天然ガス・木材チップ〈製紙原料〉）では，海外の積み港（鉱山・油田・炭田から最寄りの港）から，日本

1）自動車専用船

2）原油タンカー

3）液化ガスタンカー

4）コンテナ船

図5-6　いろいろな専用船

〔写真提供：ユニフォトプレス〕

国内のコンビナート・発電所まで専属の船（専用船とか，専航船と呼ぶ）が，ピストン輸送（日本への航海は満船，積地への航海は空船）の任に就くようになった。

③旅客の移動の手段としての船の役割は，ほとんどが航空機に承継され，船の旅客輸送は，近距離に限られるようになった。大洋航行に供される船は貨物船か，一握りのクルーズ客船だけとなった。

旅客船の国際的な定期航路の衰退は，厳密には航空機の発達に先立っていることは注意を払うべきであろう。一つには，1920年代の米国が移民の受け入れを厳しく制限したこと，1929（昭和4）年の世界恐慌以降の不況により，主に大西洋海域にて旅客船が余剰となり，これはクルーズ客船への転用の契機となった。二つには，二つの世界大戦終了後の帝国主義の終焉である。国際的な定期船海運については，戦前は，本国とその植民地あるいは勢力圏とを連絡する交通手段確保（軍人・官吏の移動・郵便物の輸送）としての存在意義があって，大なり小なり欧米日諸国政府からの支援がなされていたからである。

④最終消費財，工業製品及びその中間製品・部材・資材については，コンテナという箱（寸法は，国際標準化され，いずれの国においても船，鉄道，トラック，港湾，その運営者を問わず利用可能である）に収納されて，荷役機械（クレーン）で，船に揚げ積みがなされるようになった。

このことは，コンテナに収納可能なものを，廉価に海陸で一貫して輸送することを可能とした。それゆえ，製造業において，完成品をつくるまでの部品・部材・資材製造・中間製品製造，最終製品の組み立てといった部分に分けて考えたとき，例えば労働集約的な製造工程を，途上国に委ねること（＝途上国の工業国としての離陸）を容易にした。

《学習のヒント》

横浜や神戸，そして名古屋という日本の主要貿易港を擁する都市には，港や船の博物館が存在するので，その展示物を実際に見ることをお勧めする。

引用文献

国土交通省『港湾数一覧，国際戦略港湾，国際拠点港湾及び重要港湾位置図』〈https://www.mlit.go.jp/common/001358489.pdf〉2020年2月6日アクセス

日本銀行統計局（1966）『明治以降本邦主要経済統計』307頁

文部省『小学国語讀本　巻十一』（昭和13年）〈https://nierlib.nier.go.jp/lib/database/KINDAI/EG00017026/900192223.pdf〉

参考文献

和田博文（2016）『海の上の世界地図―欧州航路紀行史』岩波書店

武田楠雄（1972）『維新と科学』岩波書店

6 海運について（3）

合田浩之

《目標＆ポイント》 ①現代の海運会社の事業活動を観察することで，「日本企業」とは，なぜ，日本企業と判断できるのか，考察する。
②近未来の地球規模の課題に海運業がどのように向き合い，現実にどう行動しているのか，理解する。
《キーワード》 本店機能，洋上風力発電，ゼロエミッション船，自律船（自動運航船）

1．現代の課題，本社とは何か

（1）現代の日本の海運会社の姿

海運業は，荷主に運送サービスを提供して，対価としての運賃・用船料（船をまるごと1隻使わせる場合の対価）を受け取り，利潤を獲得する事業である。船会社は，船を必要とするが，その船は必ずしも自分で所有する必要はなく，他社が所有する船を用船し，他社の所有する船（船の所有者が雇傭する船員が配乗されている）に航海を指図して，荷主への運送契約の責任を果たしてもよい。

外航海運業は，全世界を一つとする市場で競争が行われている産業である。貨物輸送にあっては，輸出国・輸入国以外の第三国の船会社が輸送を引き受けること（三国間輸送）もごく普通のことである。日本の船会社も，当然のように三国間輸送を受注しており，船の種類によっては，すでに日本の輸出入に関係する輸送よりも，三国間輸送の占める割合が多くなっている。

したがって，海上輸送というサービスを生産する上で，生産要素である労働・資本（船という形で具現化される）のいずれの要素も最も競争力があるように組み合わせて，輸送サービスの生産に投入している。

具体的に言えば，サービスの品質は先進国並み，コストは途上国並みでないと，そもそも競争の土俵に上がれない。**図 6-1** は，現在の日本の海運会社（国際化が一番進んでいるコンテナ船部門）の姿である。

船に船員を乗り込ませることを，マンニング（配乗）とよぶ。英語が海運実務界の共通語であるため，英語を流暢に話し，熟練にして有能，かつ，競争力ある賃金水準である船員を船にマンニングする。

日本の海運会社は，1970 年代半ば以降，その船隊に外国人船員を乗

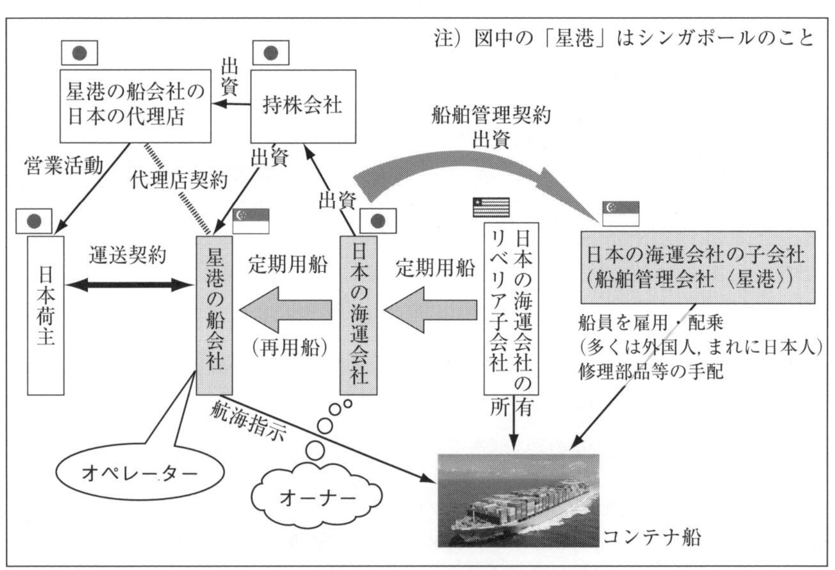

（筆者作成）

図6-1　日本の海運会社（コンテナ船部門）の姿

表6-1　日本商船隊に乗り組む船員の国籍比率（2018年）

順位	国籍	構成比	順位	国籍	構成比
1位	フィリピン	71.5%	6位	ベトナム	3.1%
2位	インド	7.0%	7位	韓国	1.4%
3位	ミャンマー	4.0%	8位	インドネシア	1.4%
4位	中国	4.0%	9位	その他	3.7%
5位	日本	3.8%	合計（55,408人）		100.0%

出典：国土交通省（2020）『外航海運の現状と外航海運政策』
https://www.mlit.go.jp/common/001353024.pdf（2021年1月28日アクセス）

り込ませてきたが，今では必要とする船員の70%程度をフィリピン人としている（**表6-1**）。

そのように（自国民にこだわらず）多国籍の船員を配乗させることを許す法制を持つ国に，船舶を保有するだけを目的とする外国子会社を，日本の海運会社は設立している。そのような外国子会社が所有する船舶の船籍は当該国の船籍となり，日本籍とならない。このように，船会社の実質的な本国とは異なる船籍を持つ船舶を，便宜置籍船と呼ぶことはすでに4章で述べた。

ところで，船も，それ自体，廉価にして高品質な船でないと競争にならない。大型のコンテナ船，LNG船（液化天然ガス輸送船）といったような高度な大型船舶については，2000年ぐらいから，日本の造船会社は競争力を失い，日本以外の世界の海運会社は，韓国の造船会社に発注することがほとんどである[1]。

1　ただし，中型以下の汎用的な船種・比較的ニッチな船種については，従来「中手・専業」といわれてきた瀬戸内海沿岸（愛媛県・広島県）及び九州北部（長崎県・佐賀県）の中堅造船所が，世界市場で，よく善戦している。本書執筆時点（2021年2月）で，中手専業の造船所の主導で，大手の総合重工業会社（造船業以外の陸上産業を兼業している造船会社）の造船部門を巻き込む形で，産業全体の再編成が始まっている。

また船は常時，保守整備を実施し，定期的にドックに入れて修繕したり，定期検査に合格しないといけないが，船員を配乗したり，船の保守整備などを行う実務を「船舶管理」と呼ぶ。

船舶管理は，伝統的には船主の固有の実務であったが，1970 年代くらいから，船舶管理業が独立した産業となった。日本の海運会社も船舶管理業を担う海外子会社を所有している。多くはシンガポールに設置され，競争力ある賃金で船舶管理を行う専門家（多くはシンガポール人，インド人）を雇用している。

海運業は世界単一市場であるにしても，海運会社への発注者としての顧客（荷主）という需要家は，基本的にはローカルな存在であり，各国ごとにそれぞれその国の荷主と対話をする窓口が必要となる。

日本の海運会社は歴史的事情から，日本（特に東京）に本店を設置している。本店は，海運業に対する投資の意思決定を行うことに大きな意味を持つ。

ただ，本店は，そのような投資からの収益に対して法人として課税がなされる場所でもある。その投資先（企業の活動領域）は全世界である。企業の活動が日本において完結しているのであれば，本店が日本に設置され続けていても不思議ではない。しかし，全世界から収益を獲得し，資本蓄積を進め，利潤獲得のために再投資を繰り返すというのであれば，本店の所在する国の税制が，各国で異なる以上，本店を設置する国の違いで，税引き後の利益が異なってくる。すなわち，資本蓄積の速度が変わってくる。そう考えると，世界全体から収益を獲得すべく活動する海運企業が，本店を設置すべき本国とはどこか，という経営課題が浮上する。日本の海運企業の場合，日本に本店があっていいのか，という問いかけになる。

世界全体では，海運業を優遇する国がある。日本の海運会社は，そのような国としてシンガポールを認識している。日本の大手海運会社3社は，コンテナ船（定期船）部門を，シンガポール会社法に基づき設立された新会社に統合した。その社長（Managing Director）は，日本人ではなく，役員会の開催地も収益の帰属地もシンガポールである。

2. 海洋開発の担い手としての海運

（1）オフショア事業（海洋事業）

船は人類が海洋で活動するための道具であり，船会社とは船を使って海から付加価値を獲得する企業である。その付加価値形成が，海上輸送によって実現する事業が海運であるが，船を稼働させるということは，輸送以外にも供することができる。また船を稼働させる能力とは，海洋構造物を運営（維持・管理）する能力であり，構造物が浮体であれば，その浮体を定点に維持する能力でもある。

また，同じ輸送でも貿易貨物の輸送もあれば，海洋での人間の活動を支援する輸送もある。石油ガス掘削のリグへ，必要な生活物資や資機材を輸送すると共に，廃棄物を陸上基地に搬送するという輸送である。

輸送以外に海から価値を生み出すという営みは，漁労，海洋での土木工事，海底資源の採掘，海洋エネルギーからの発電，洋上での風力発電というものがある。

日本の船会社にも，海外において海洋資源開発に関与することにより，利益を獲得している企業が出現し始めた。具体的には，浮体式石油貯蔵施設（FSO）／浮体式石油貯蔵生産施設（FPSO）や掘削船，オフショア・サポート船（石油ガス生産施設での生産活動に必要な資機材や，作業員の生活必需品を送り届け，廃棄物を陸上基地に持ち帰るための作業船），シャトル・タンカー（パイプラインを陸上まで敷設できないような遠隔地と通常の港を往復する特殊なタンカー）といった分野への進出である。

あるいは浮体式LNG貯蔵設備（FSU），浮体式LNG貯蔵・再ガス化設備（FSRU）といった，液化天然ガスを取り扱う浮体式の海洋構造物の所有・運営に関与する企業も存在する。液化天然ガスは，消費国に運ばれた後に，従来は陸上に建設された受入基地で貯蔵・再ガス化されてきたのであるが，これを海洋構造物で行うということである。

浮体構造物として設備を建造することは，陸上基地として建設するよりも，一般的に費用が安く，工期も短くて済むという利点があり，これに加えて，ガス需要に応じて，設備を増設・移転・撤去が容易であるという利点もある。海洋構造物で液化天然ガスを貯蔵・再ガス化するのみならず，発電装置を具備した船舶（発電船）と接続して，洋上ガス発電の事業へと展開する日本の船会社も出現するに至った。

このような分野は，オフショア事業（あるいは海洋事業）とよばれる。

（2）日本の排他的経済水域及び近海の海底資源

日本の排他的経済水域には，在来型の石油ガスの資源量こそ乏しいものの，メタンハイドレートとよばれるガス資源についてはまとまった資源量が存在すると考えられている。その採取は実験段階であるが，2013

図6-2　浮体式LNG貯蔵・再ガス化設備（FSRU）（左）と，LNG発電船（右）
〔写真提供：株式会社 商船三井〕

（平成25）年3月に渥美半島から志摩沖で成功している。

また，海底熱水鉱床とよばれる，海底から高温の水が噴出する熱水活動で形成された非鉄金属の鉱床の存在も伊豆諸島沖・沖縄沖で確認され，その鉱石の引揚げも沖縄沖にて2017（平成29）年に成功した。

日本の最東端，南鳥島周辺には水深5,000～6,000 m程度の深海底ではあるが，レアアースを含んだ泥（レアアース泥）が堆積していることも確認されている。その南鳥島に近い公海の下の海山の表面（海底）にはコバルトリッチ・クラストと称される金属の集積している箇所がある。

海底からの商業的な鉱物採掘，精錬に至るまでは，まだ長い道のりが存在する。陸上の鉱山・通常の油ガス田から産出される鉱物・石油ガスとの対比で価格競争できる水準でのコストで安定的に採掘する技術が確立されなければ，鉱物・石油ガスがどれだけたくさん物理的に存在する

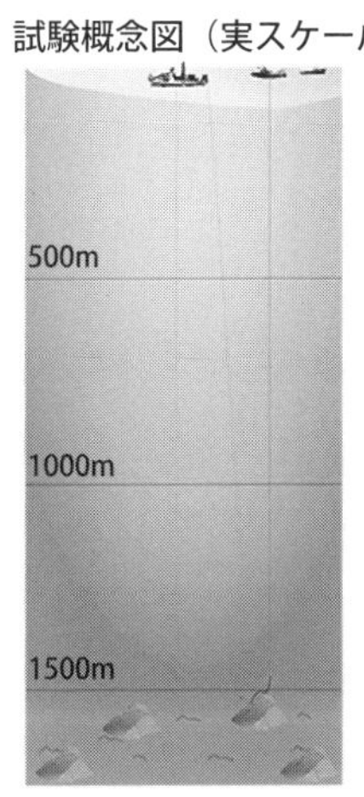

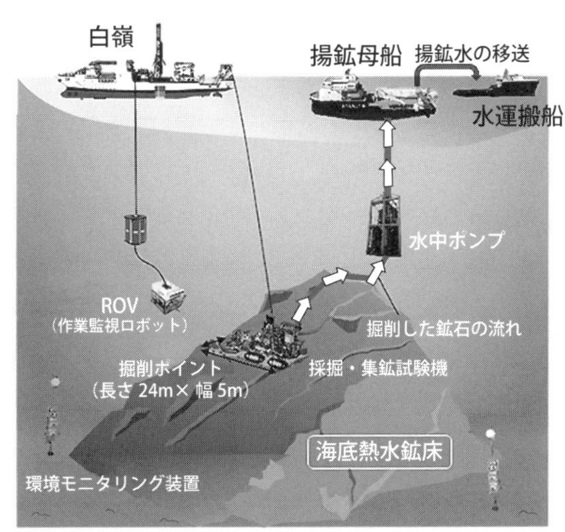

図6-3　熱水鉱床からの採鉱・揚鉱の概念図

〔図版提供：独立行政法人石油天然ガス・金属鉱物資源機構〕

ことが確認できているといっても，商業的には何の意味もない。この点は強調されるべきである。

石油ガス以外の鉱物資源で海底からの採掘の商業化が実現しているのは，執筆時点（2021〈令和 3〉年 2 月）で南部アフリカ，ナミビア沖でのダイヤモンド採掘だけである。

（3）洋上での再生可能エネルギーによる電源開発

再生可能エネルギーから発電するというのは，化石燃料の依存度を軽減し（ひいては温室効果ガスの排出を削減）するという利点，及び原子力発電から生じる廃棄物の処理の問題を回避できるという利点から，他の電源との対比において，経済的に引き合うのであれば，その推進が正当化できるであろう。

風力発電による発電コストは，産業として確立した欧州では，既存の火力発電並の低廉性がある。したがって，海外の「風況の良い地域」では，風力発電所の建設がすでに進んでいる。風車の大型化や風況を考えると，（建設費・保守整備費の上昇を補って余りある発電＝売電収入が確保できるのであれば）陸上よりも海上の方が有利とも考えることができる。

洋上での風力発電は，本書執筆時点（2021〈令和 3〉年 2 月）では，偏西風が卓越し，遠浅の海が広がる欧州―デンマークや英国においてすでにかなり発達している。

そのような欧州での風力発電装置は，着床式といって海底に土台を築き設置される方式である。

日本では，遠浅の海はそれほど広いものではなく，風況の良い沖合の水深は概して深い。したがって，もし，日本で洋上での風力発電を展開させる場合，最終的には浮体式といって海洋に浮かび，海底には着床していない形式の風力発電が有力と考えられている。

2020（令和2）年12月25日，経済産業省は，『2050年カーボンニュートラルに伴うグリーン成長戦略』を策定，公表した。それによれば洋上風力発電事業は重要産業の筆頭に掲げられ，その導入は2030年までに1,000万キロワット，2050年までに3,000万ないし4,500万キロワットとの，政府としての具体的な数値目標が掲げられている。これは，日本において標準的な火力発電所・原子力発電所に換算して，2030年までに10基，2050年までに30ないし45基に相当する。日本の商業用原子力発電所は執筆時点（2020〈令和2〉年2月）で33基であることを考えると，この政策導入は大きい。

このことは，海運会社（海運会社に限らず，海洋土木会社やサルヴェージ会社も当然，事業主体となる）からみれば，海底調査船，風車設置船，海底ケーブル設置船，作業員輸送船（定期点検・修繕要員の輸送）（**図6-4**）といった船に関する膨大な需要が発生することを意味する。

こういった洋上風力発電事業は，あくまでも企業によって商業的に行われる。国策といっても国が事業を行うわけではない。

国の役割は，第一には，企業が事業投資を行いやすい環境を整えることにある。企業経営者に事業投資の意思決定を行いやすくするということは，洋上風力発電事業に関して言えば，そもそも一定の海面を事業者に長期間占有することを可能とする制度づくりである。これは発電事業者に対して，金融機関が長期の融資を安心して実施することを可能にする意味がある。

そして，既存の海の利用者との利害調整のための「協議の場」の設定を促す法制度づくりである。さらに，長期のビジョンを提供することである。

風車設置船
〔写真提供：シージャックス・ジャパン合同会社〕

作業員運搬船
〔写真提供：東京汽船株式会社〕

地盤調査船
〔写真提供：深田サルベージ建設株式会社〕

図6-4　洋上風力発電に関係する作業船

これは，2016（平成28）年・2019（令和元）年の二度の港湾法の改正，海洋再生可能エネルギー発電設備の整備に係る海域の利用の促進に関する法律（平成30年法律89号，一般には「再エネ海域利用法」と呼ばれている。）の制定で実現した。

なお，海を舞台にした再生可能エネルギー利用の発電は，風力発電以外には，潮流発電，潮汐発電，海水温度差発電といったものも理屈の上では考えられる。本書執筆時点（2021〈令和3〉年2月）では，商業化以前の要素技術開発，ないし実証実験の段階にある。

3. ゼロエミッション船に向けて

IMO（国際海事機関）は，2018（平成30）年4月に「GHG（温室効果ガス）削減戦略」を採択した。この戦略には，2008（平成20）年を基準年とし，①2030年までに国際海運全体の燃費効率（輸送量あたりのGHG排出量）を40%以上改善すること，②2050年までにGHGの国際海運からの総排出量を50%以上削減すること，及び③今世紀中なるべく早期にGHG排出ゼロを目指すことが数値目標として掲げられている。

大まかに云えば，2030年までの目標は，本書執筆時点（2021〈令和3〉年2月）の「すでに開発された技術の徹底的な利用」及び「徹底的な効率運航」，「減速航海」で実現可能と考えられている。

しからば，2050年目標はどうか。これには，技術上の跳躍が必要と考えられており，すでに様々な取り組みが始まっている。ただし，注意しなければならないのは，2050年に「50％以上の排出削減を可能とする『新しい船』」が生まれる，というのでは「遅い」ということである。そういう『新しい船』に「完全に置き換わって」いないと，目標未達となる。既存船が寿命を迎えて解体される時，船の更新投資をする場合は，その時点で最高・最善の技術の船に置き換えていくことになる。

2050年の目標実現の為には，2030年代には，『新しい船』が出現し，『既存の船』の引退時に，『新しい船』に置き換えられる，ということが始まらないといけない。2030年代というのは，2000年代（中国を中心としたアジア諸国が経済的に離陸し，海上貨物輸送需要が歴史的水準で増加した時代）に大量に建造された船が，老朽化して解体の時期を迎える時である。

要するに，技術開発に残された時間は，せいぜい10年程度ということである。そして，今の時点で，新しく船を建造する場合は，「すでに開発された技術の徹底的な利用」をしなければならない。それで，ディーゼル・エンジンに供給する燃料を重油から液化天然ガス（LNG）に置き換える，補助的な帆の設置，船型の最適化，各種機器類の改良といった工夫の盛り込まれた船が出現しはじめている（**図6-5**）。

2050年目標も，今世紀中のゼロエミッション実現の一里塚であるから，ゼロエミッションとする燃料転換が必須となる。現時点で大まかなコンセンサスが得られているのは，燃料の液化天然ガスへの転換では不十分で，①湾内や，極めて近距離の航行に供される小型船は，バッテリーを用いた電気推進船とすること。②長距離の航行に供される大型船は，アンモニア焚きのディーゼル・エンジン，水素燃料電池を搭載する，といったことである。

もちろん，最終的には，ゼロエミッションということであるから，バッテリーに給電される電力の発電方法が持続可能なものであること，水素の生成が，持続可能なものであること，アンモニアは，いわゆるグリーン・アンモニア（再生可能エネルギー電力を用いたカーボンフリーな製造プロセスで生産されるアンモニア）であることも，実現されねばならないが。

＜自律船（自動運航船）の開発＞

船の技術開発ということでは，本書執筆時点（2021年2月）で，ゼロエミッション化の他に，海事先進国が盛んに取り組んでいるものとして，自律船（Autonomous Vessels，自動運航船）がある。陸上において自動車の自動運転のための技術開発が進んでいるが，大雑把に言え

1）LNG燃料船（イメージ）

2）帆の利用，ワレニウス・ウィルヘルムセン社の自動車船。2025年就航予定

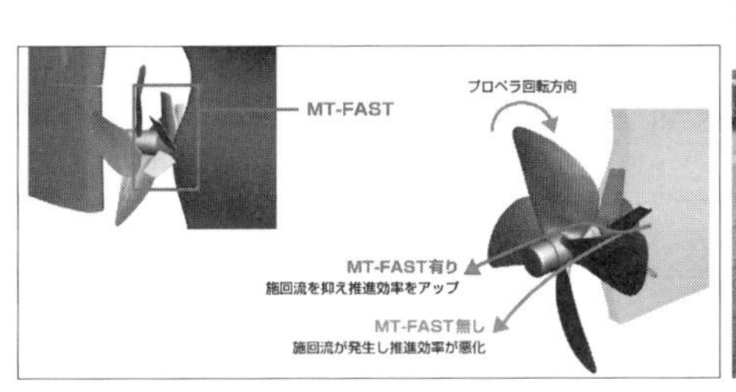

3）常石造船株式会社の工夫

4）完全バッテリー推進船

図6-5　ゼロエミッション船に向けての様々な技術開発

〔写真提供：1）株式会社名村造船所，2）ワレニウス・ウィルヘルムセン社，3）常石造船株式会社，4）株式会社大島造船所〕

ば，船でも似たような話が進んでいる。

自律船（自動運航船）を開発する最大の目的は，船舶の安全運航の実現にある。船舶の運航を担う船長以下の船員の負担を軽減し，船員のヒューマン・エラーに起因する事故を減少させていくことにある。

船員が船舶を運航するというのは，船員が自分の五感（目視など）

と，既存の航海支援機器（例えばレーダーなど）を用いて，自船を取り巻く状況（という情報）を適切に収集・それを適切に判断して，適切に機器を操作することである。

自律船（自動運航船）の開発とは，船員の情報収集・判断・操作について，機械が支援・代行していく度合いを高めていくこと，あるいは，船内の船員に委ねていた船を取り巻く環境の情報について，陸上の運航管理センター（船会社の本社の一室）の支援スタッフも共有し，船員の状況判断について遠隔から助言・支援することを可能にしていくことである。

自律船（Autonomous Vessels，自動運航船）については，その程度が高まれば，徐々に船内の運航要員を減少させることにつながるだろうが，少なくとも自律船（自動運航船）を開発している主体や，開発を望んでいる主体は，船内の無人化を目標にしているわけではない。ゆえに無人船（Unmanned Vessels）という表現を，意識してなるべく用いな

図6-6　2020年竣工予定の，ノルウェーの自律船（自動運航船）であるコンテナ船

〔写真提供：YARA International〕

いようにしている。

仮に船内の運航要員が少なくなることになっても，陸上の支援スタッフは必要であろう。完全に船がロボット化するということは，さらに先のことであろう。そして船がロボット化しても，万が一の時は，無人の船に緊急事態に対応する要員が，洋上の船に送り込まれ，マニュアル操作で船を運航するという選択肢が維持されることだろう。

技術開発を進めるには，技術だけを考えれば良いわけではない。ロボットに近付いていく船に起因して発生した事故の民事賠償のあり方は，現行法の通りで良いのか。陸上の運航管理センターの支援要員については，海技者としての知見が担保されなくて良いのか。そもそも海技者の教育は今のままでも良いのか。

近未来の海運会社の前には，まだまだ克服すべき課題が少なくない。しかし，これらへの挑戦は，知的格闘技として関係者をして大いに魅了させるものである。

《学習のヒント》

海運や海洋産業の未来のことは，現在進行形の話でありなかなか書籍として刊行されないところであるが，適宜，国土交通省のウェブサイトにおいて「海事」に関する各種審議会や委員会の資料にアクセスして欲しい。

引用文献

経済産業省『2050年カーボンニュートラルに伴うグリーン成長戦略』〈https://www.meti.go.jp/press/2020/12/20201225012/20201225012-2.pdf〉2020年2月27日アクセス

参考文献

内閣府（2018）『第三期海洋基本計画』〈https://www8.cao.go.jp/ocean/policies/plan/plan03/pdf/plan03.pdf〉2020年2月27日アクセス

経済産業省（2019）『海洋エネルギー・鉱物資源開発計画』〈https://www.meti.go.jp/press/2018/02/20190215004/20190215004-2.pdf〉2020年2月27日アクセス

7 日本の港湾発展の歴史と現状

篠原正治

《目標＆ポイント》 日本の港湾発展の歴史を，①古代より江戸末期まで，②江戸末期の開港から太平洋戦争まで，③戦後の三つの時代に大別して学ぶ。戦後の港湾発展に関しては，わが国の経済社会の推移と変革を時代の背景として，港湾政策の変遷について理解する。
《キーワード》 開港，お雇い外国人，古市公威，廣井勇，港湾法，港湾整備五箇年計画，臨海工業地帯，環境対策，民活の導入，グローバル化，国際コンテナ・バルク戦略港湾

1. 古代より江戸末期まで

日本は四面を海に囲まれた島国であるため，古来より朝鮮半島や大陸との交易・交流に船舶による海上交通は必要不可欠なものであった。海上交通と陸上交通の結節点が港であり，そこには船舶が停泊するための波の穏やかな水域と船舶を係留するための施設（船着場，岸壁など）が存在する。旅客の乗下船と貨物の積み降ろしに関しては，江戸時代までは，外洋を航行する船舶が直接係留できる岸壁を建設する土木技術を有していなかった。したがって，通常は波の穏やかな沖合に船舶が停泊し，小型船あるいは艀（はしけ）に旅客・貨物を積み替えてから，船着き場で陸上に荷揚げしていた。

1世紀に編纂された中国の「漢書」地理誌に，日本に関する最古の記述がある（五味他，1998）。このことは，遅くともこの頃から，日本と大陸との海上交通による交流・交易が存在していたことを示している。

弥生時代（紀元前3世紀から紀元後3世紀）には稲作農業と鉄器の使用が始まった。これらの技術や道具は中国大陸の文化に起源を持つものである（五味他，1998)。5世紀になると，中国の「宋書」に，倭国の五王が，宋に遣使したことが記されている（五味他，1998)。6世紀には，儒教，仏教が百済を経由して伝来した。

600年に，第一次の遣隋使船が派遣され，その後630年に始まった遣唐使船は838年に至るまで，十数回に及んだ（五味他，1998)。中国大陸との交易・交流においては，九州北部の那大津（なのおおつ）（現在の博多港）と大阪湾の難波津（現在の大阪港）が，当時のわが国の代表的な国際貿易港であった。

遣唐使が停止された後の平安時代では，海外との交易に消極的であった。その後，平安時代の後期になると，平清盛（1118～1181）が大輪田の泊（現在の神戸港）を建設し，日宋貿易が隆盛となった。清盛のこの対外政策は，わが国の文化や経済に大きな影響を与えるとともに，貿易による利潤は，平氏政権の経済的基盤となった（五味他，1998)。室町幕府は，明との間で勘合貿易（勘合という証票を持参していたため，このように呼ばれている）を進め，大きな利益を得た。戦国時代になると，世界における大航海時代の影響により，ポルトガル，スペインとの南蛮貿易（**図7-1**）が活況を呈した。彼らの目的の一つであるキリスト教布教活動はわが国の文化・社会に大きな影響を与えるとともに，鉄砲や火薬の伝来により戦法の革新的変化をもたらすこととなった。当時のわが国の玄関口であった堺の町は港湾都市として大きく発展し，有力な商人による自治都市として繁栄した。

江戸幕府初期の対外政策は，貿易を奨励したため，海外貿易は活発であった。幕府は日本人に海外渡航許可の朱印状を与えて，朱印船貿易が盛んとなった。当時，わが国からの銀の輸出額は世界の銀産出額の3分

出典：南蛮屏風右隻，神戸市立博物館所蔵

図7-1　南蛮貿易の様子〔Photo：kobe City Museum / DNP artcom〕

の1に及んだ（五味他，1998）。江戸幕府はその後，鎖国政策をとり，海外との交流・交易は，1641年より長崎の出島での中国及びオランダとの貿易に限定されることとなった。

江戸時代の基幹的な国内物資輸送ネットワークとして，沿岸及び瀬戸内海の海上輸送ルートが整備された。**図7-2**に示すように，河村瑞賢（1618～99）は，秋田から津軽海峡を経て太平洋側に出て江戸に至る東廻り航路と，日本海沿岸をまわって下関を経て瀬戸内海から大坂に至る西廻り航路を整備した（五味他，1998）。西廻り航路では，北前船により，蝦夷地までの航路が開発された。これらの航路は，海産物，米をはじめとする各地の物産の輸送ルートとして大きな役割を果たすとともに，商取引を活発化した。

2. 江戸末期から太平洋戦争まで

1853（嘉永6）年，米国東インド艦隊司令長官ペリーが浦賀沖（現在の横須賀市浦賀）に来航し，隣接する入江である久里浜に上陸し，大統

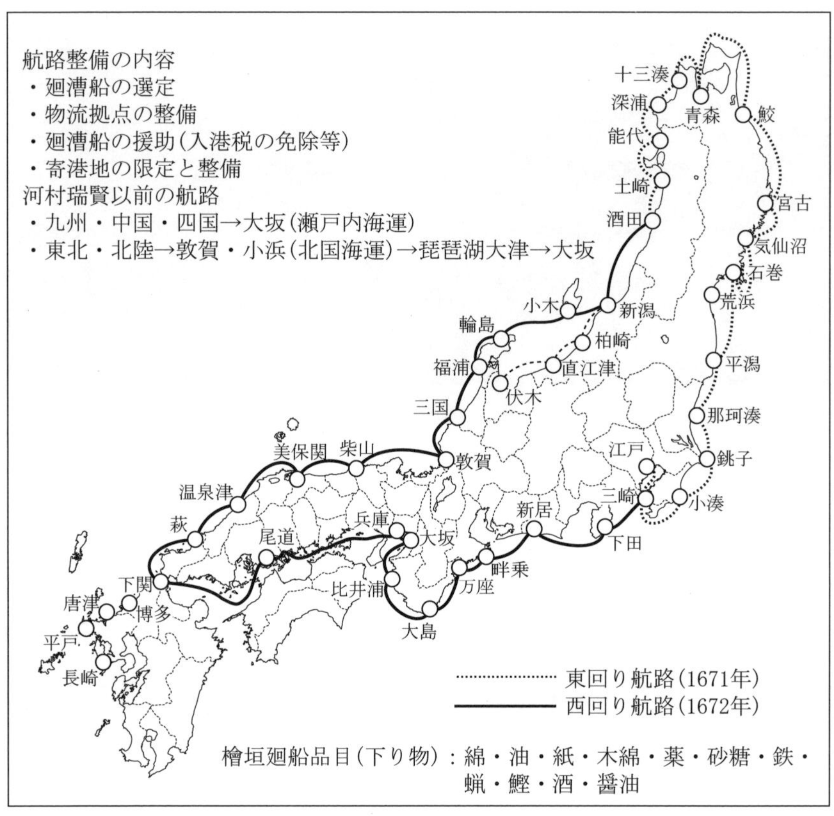

出典：黒田勝彦編著（2014）『日本の港湾政策－歴史と背景－』成山堂書店より転載

図7-2　河村瑞賢の開発航路

領の国書を提出して開国を求めた。その直後，ロシアの使節プチャーチンは長崎に来航し，開国と国境の画定を求めた。翌1854年にペリーは再び浦賀に来航し，幕府は日米和親条約を結んだ。この条約の中で，下田と箱館の2港を開港し，米国領事の駐在を認めることとなった。下田の初代駐日総領事となったハリスは将軍に謁見し，通商条約の締結を強硬に求めた。その結果，大老井伊直弼は1858年に，朝廷の勅許を待たず日米修好通商条約に調印した。この条約では，下田，箱館のほかに，さらに神奈川，長崎，新潟，兵庫を開港し，開港場に外国人が居住する居留地を設けることとなった。

1859（安政6）年に，横浜・長崎・箱館が開港し，本格的な外国貿易が開始された。当初開港する予定であった神奈川は交通量の多い宿場町であったため，当時小さな漁村であった横浜を開港し，現在の横浜港大桟橋の付け根の付近に2か所の波止場を築造した（横浜市，2019）。1865年では，わが国からの輸出品の約8割は生糸であり，輸入品の4割が毛織物，3割が綿織物であった（五味，1998年）。また，新潟と兵庫の開港はやや遅れて1868（慶応3）年となった。

兵庫の開港場は兵庫の地（現在の神戸市兵庫区）ではなく隣接する神戸（現在の神戸市中央区）を開港することとなった（**図7-3**）。なお，1892年に勅命により兵庫港は神戸港に改称された（神戸市，2019）。1872（明治5）年の神戸港の波止場とその直背後に建設された外国人居留地の様子を**図7-4**に示す。江戸時代に栄えた兵庫津は，**図7-5**において湊川のさらに西側の区域にあったが，背後の既存集落を避けるため，新たにこの地区に波止場を築造して開港場とし

図7-3　開港当日の兵庫港
〔写真提供：（一財）神戸観光局港湾振興部〕

たのである。

明治政府は，開港における近代的港湾施設を建設するため，当初は欧米からの土木技術者を高給で雇い入れた。彼らは「お雇い外国人」と呼ばれ，土木の他，政治，法制，軍事，産業，交通，建築，科学，教育などの各分野に多数雇用された。政府雇い外国人は，1874～75（明治7～8）年がもっとも多数で，その数は約520人に上った（小学館，1994）。お雇い外国人には日本人をはるかにしのぐ高給が支払われた。例えば，鉄道技術者で工部省に雇われた英国人モレルの月給は1,000円であり，これは当時の日本政府の最高官職であった太政大臣の800円を上回った（五味他，1998）。港湾建設においては，オランダからエッセル，デレーケ，ムルドル，英国からパーマーなどが招かれ，三国港（福井県），大阪港，東京港，横浜港などの港湾建設計画案が策定された。ただし，これらの計画の中には，地元関係者との調整や建設資金の不足等の事情により実現しなかったものも少なくない。

このように，港湾の開発に関しては，当初はお雇い外国人の技術と知見に大きく依存していた。明治中期になると，海外留学により欧米の先進的な土木技術を学んだわが国の偉大な先人達が中心となり，日本の港湾の発展の礎を築いた。例えば，フランスに留学した古市公威（1854～

図7-4　外国人居留地
〔写真提供：（一財）神戸観光局港湾振興部〕

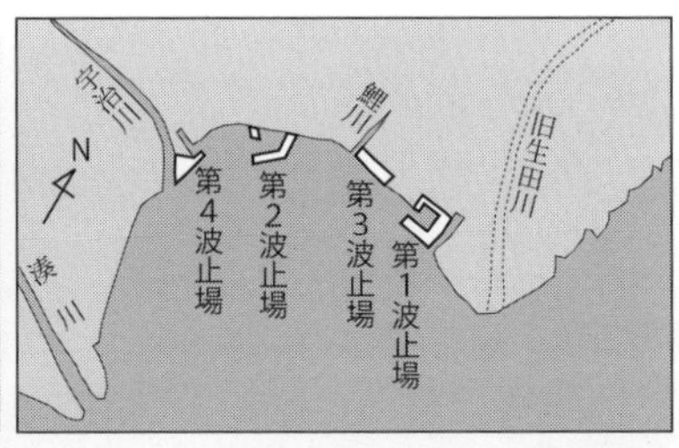

図7-5　開港直後の神戸港の波止場

1934，横浜港他）と沖野忠雄（1854～1921，大阪港他），米国で土木実務を学んだ廣井勇（1862～1928，小樽港他）などが大きな功績を残した。古市はフランスのエリート校であるエコールサントラルとパリ理科大学に5年間留学し，帰国後，帝国大学工科大学長，内務省土木局技監，土木学会初代会長，理化学研究所長などを務めた。横浜港の修築に関しては，オランダ人技師デレーケと英国人技師パーマーの計画案を比較検討した結果，1889（明治22）年にパーマーの案が採用されて，第1期築港工事が開始された。その後，当時の横浜税関長の提案に古市が設計変更を行い，この計画に基づいて第2期工事が1899（明治32）年に開始され，1911（明治44）年に新港突堤が完成した（黒田，2014）。

廣井は札幌農学校で土木工学を学び，米国に私費で渡航して土木実務を経験し，ドイツのカールスルーエ大学とシュトゥットガルト大学でさらに学んだ。帰国後，北海道庁の小樽築港事務所長として，小樽港の修築工事に精魂を傾けた。特に防波堤の設計・施工に関して，大きな功績と逸話を残している。日本初のコンクリート製防波堤は，完成から100年以上たった今でも，日本海の荒波から小樽港を守っている。その後，古市の推挙により，東京帝国大学の教授となり，多くの優秀な人材を育成し，土木学会第6代会長も務めた。

近代的な港湾施設の建設は，横浜港修築工事をはじめとして，若松港（1889年工事開始），名古屋港（1896年），新潟港（同年），大阪港（1897年），長崎港（同年），小樽港（同年），三池港（1902年），神戸港（1906年）と続いた（社団法人日本港湾協会，2007）。横浜港と並んで日本を代表する国際貿易港である神戸港での本格的な港湾施設の建設が遅れたのは，大蔵省の理解が得られなかったためである（社団法人日本港湾協会，2007）。

大正時代に入ると，1914（大正3）年に始まった第一次世界大戦による輸出の激増を受けて，港湾整備が急速に進められた。特に，清水港，土崎港（現・秋田港），今治港，室蘭港などの工業的色彩の強い港湾の新規修築が開始された（社団法人日本港湾協会，2007）。

1923（大正 12）年の関東大震災により，横浜港は壊滅的な大被害を被った。これを契機として，東京港の港湾整備の必要性に関する世論が高まり，横浜港関係者の反対にもかかわらず，東京港の築港計画が震災復興計画に包含されて，両港の併存を図っていくこととなった（社団法人日本港湾協会，2007）。当時，横浜港の外貿貨物の 7 割は東京発着の貨物であったため，この判断は適切なものであったと筆者は考えるが，横浜港と東京港の競争関係は，現代においてもそのまま残っている。近接港湾間の同様な競争関係は，神戸港と大阪港にも見ることができ，これは海外の主要港湾の間でも存在している，普遍的かつ永続的な課題であると言えよう。

昭和に入ると，日本の重化学工業が大きく発展し，臨海部に工場が立地するようになり，地方における産業開発と併せて港湾整備の必要性が高まった。1927（昭和 2）年に，内務省は「重要港湾選定の件」を告示した（社団法人日本港湾協会，2007）。これにより，第 1 種重要港湾として，横浜港，神戸港，関門海峡（門司港及び下関港），敦賀港の 4 港，第 2 種重要港湾として，東京港，大阪港，名古屋港等 37 港を指定した。第 1 種重要港湾は，国が経営する港湾であり，第 2 種重要港湾は地方が経営して国が補助する港湾である。1937（昭和 12）年の日中戦争勃発以降は，戦時体制に移行したため，新たな港湾整備は困難となり，港湾運営の効率化が第一に要請されることとなった（社団法人日本港湾協会，2007）。

3. 戦後復興と高度成長

太平洋戦争により，わが国港湾は壊滅的な被害を受けた。戦後の港湾復興を進めるにあたって，GHQ の指導と要請により 1950（昭和 25）年に港湾法が制定された。これにより，港湾の整備・管理・運営形態が戦前と大きく変わることとなった。港湾法においては，地方自治を重視する観点から，港湾管理者を地方自治体，一部事務組合及び港務局とした。港務局とは，欧米の港湾管理者として普及している Port Authority の体制を模倣したものである。港務局は，地方公共団体が単独または共同して設立する営利を目的としない公法上の法人として位置づけられる。港湾管理者として港務局を設立したのは，小倉港，洞海港，新居浜港の 3 港であったが，現存しているのは新居浜港務局のみである。なお，一部事務組合を設立したのは，石狩湾新港，苫小牧港，名古屋港，四日市港，境港及び那覇港の 6 港である。北九州港も当初は一部事務組合を設立したが，小倉市，八幡市，門司市等が合併して北九州市になったため，北九州市自体が管理者となった。これらの事務組合は，港湾所在地の道・県と市が共同で管理するために，設置したものである（境港管理組合は鳥取県と島根県による設立）。その他の全ての港湾では地方自治体が単独で港湾管理者となった。例えば，東京都，横浜市，大阪市，神戸市，福岡市等である。港湾法の成立により，国が直接管理する港湾はなくなり，国の基本的な役割は，港湾管理者の監督と直轄工事の実施等に限定されることとなった。なお，他の主要な社会資本である道路，河川，空港においては，国の利害や安全に大きな影響を及ぼす重要なインフラに関しては，依然として，国が直接管理・運営していることに留意する必要がある。

ここで，港湾法が戦後になってようやく制定されたことに注目したい。他の交通関係基本法として，鉄道国有法は 1906（明治 39）年，道路法は 1919（大正 8）年，航空法は 1921（大正 10）年に制定されていた。1928（昭和 3）年に，当時の港湾協会（現・公益社団法人日本港湾協会）が，港湾法草案を作成して公表した（木村，2011）。しかし，港湾における多種多様で複雑な利害関係者の主張を調整することができず，法律制定には至らなかった。したがって，港湾法成立以前は，土木工事一般に関する諸法令の適用，あるいは断片的な通達・告示・行政指導により，港湾行政が実施されたのである（社団法人日本港湾協会，2007）。

終戦以降，荒廃と疲弊の中から出発した日本経済は，朝鮮戦争（1950～1953 年）に伴う膨大な特需の発生を契機に立ち直り，1955（昭和 30）年から，第 1 次石油危機（1973〈昭和 48〉年）まで長期にわたり高度成長を続けた。この 18 年間の実質 GDP の年平均成長率は 9.2 %（内閣府 GDP 統計データより計算）となった。これに歩調を合わせてわが国の港湾貨物量も急激に増大し，同期間の港湾貨物量の年平均伸び率は驚異的な 14.1 %（日本港湾協会の港湾貨物取扱データより計算）を記録した（**図 7-6**）。このように急増した港湾貨物量に対応するための施設整備が急務となったため，政府は港湾整備緊急措置法を 1961（昭和 36）年に制定し，同年度に第 1 次港湾整備五箇年計画を策定した。これにより，5 年間に実施すべき港湾整備事業の目標と量を定めて，港湾投資を計画的に実施することとした。この五箇年計画は，経済・社会の変化に対応して，その後数次にわたり改訂されて，最終的に第 9 次港湾整備五箇年計画（1996 年度開始）まで続いた。この五箇年計画は，時代の変化に応じて重点投資の分野を見極めて，必要な港湾投資を行い，わが国の経済成長を支え，社会の要請の変化に対応するとともに，港湾地域の環境改善に大きな役割を果たしたと言えよう。

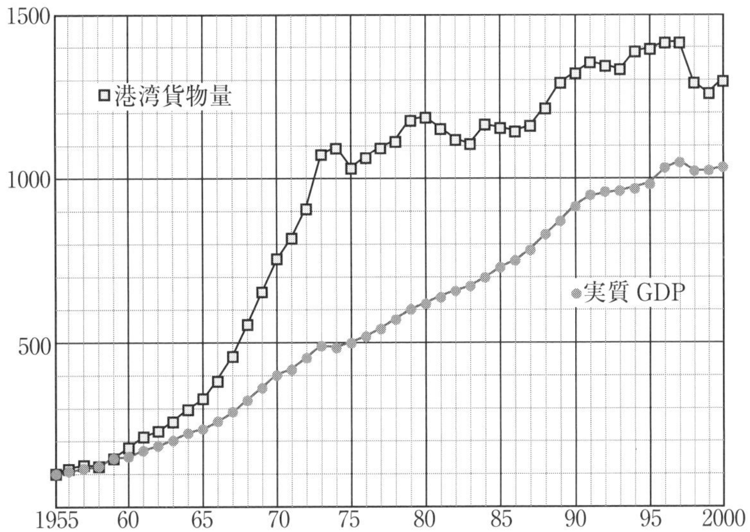

（内閣府及び日本港湾協会のデータより筆者作成）

図7-6　わが国の実質GDPと港湾貨物量の推移（1955年の値を100）

第1次石油危機までの高度成長期における特筆すべき港湾政策の一つとして，港湾整備と一体になった臨海工業地帯の開発が挙げられる。政府は1962（昭和37）年に，「全国総合開発計画」を策定した。この計画は，国土の均衡ある，調和した発展を図るため，地方部における産業開発と都市開発を併せて進めるものであった。全総計画の中核的施策の一つとして，同年に新産業都市建設促進法が，2年後の1964年に工業整備特別地域法が，それぞれ制定された。これらの法律に基づき，新産業都市として15地区，工業整備特別地域として6地区が選定された（**図7-7**）。これらの21の指定地区は，松本・諏訪地区を除いて，全て臨海部であることに注目する必要がある。

工業整備特別地域に指定された茨城県の鹿島地区の臨海工業地帯開発

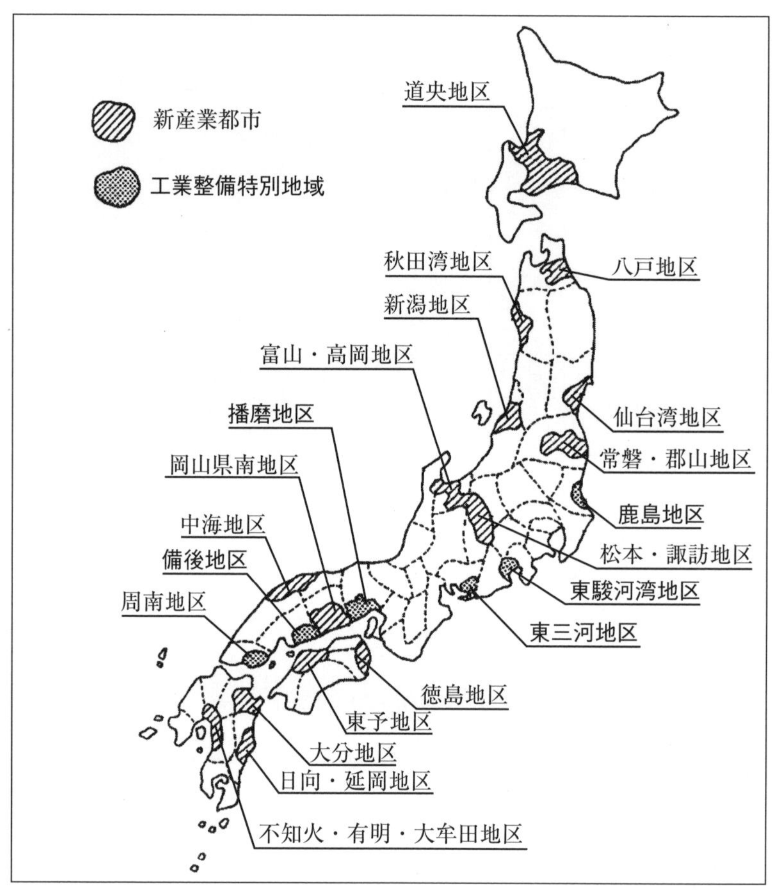

出典：国土庁監修「国土統計要覧（1991年度版）」大成出版社

図7-7　新産業都市と工業整備特別地域

は，地方部における掘り込み港湾を中核とする大規模工業開発として大成功を収めた事例である。鹿島港（**図7-8**）の港湾計画は1963（昭和38）年に策定され，同年に着工した。1969（昭和44）年に開港し，住友金属工業（現・日本製鐵）が鹿島製鉄所の操業を開始した。鹿島港の開発は，東京湾，伊勢湾，大阪湾などの比較的静穏な海域である内湾部ではなく，風浪の厳しい太平洋に面した海岸を掘り込んで，大型船が入港できる航路と泊地を浚渫（しゅんせつ）し，その浚渫土を用いて，土地造成を行い，工業用地として活用したものである。鹿島臨海工業地帯には，製鉄所の他，石油精製，石油化学，電力，飼料，食品，化学工業等が数多く立地し，2019年末時点で，約180社が操業し，約2万人が働いている（神栖市，2019)。鹿島港開発は，未開発の低利用地に掘り込み港湾を中核的なインフラとして整備し，大規模な基礎資源型産業と関連諸産業の立地・操業を可能としたものであり，わが国が世界に誇る新たな産業立地モデルとなった。この事例を模範として，海外でも多くの臨海工業地帯開発が進められたことは特筆すべきである。その代表的な事例が，わが国のODA事業として大成功を収めたタイのレムチャバン港を中核とする東部臨海開発である。なお，レムチャバン港開発に関しては，放送大学教材「海からみた産業と日本2016」（池田他，2016）の第6章3節に詳細に記述されている。

図7-8　鹿島港と臨海工業地帯
〔写真提供：国土交通省 関東地方整備局鹿島港湾・空港整備事務所〕

4. 環境問題への対応と民間活力の導入

高度経済成長により，わが国の GDP は 1968（昭和 43）年には米国に次いで世界第 2 位となり，国民の生活水準も大幅に向上した。その反面，工場生産活動の活発化に伴う大気汚染や水質汚濁，生活排水の閉鎖性海域への流入，自動車交通量の増加による大気汚染，騒音などの公害が発生し，住民の健康を害する事態を生じることとなった。1970（昭和 45）年に開かれた臨時国会（第 64 回国会）は，当時の公害対策を求める世論，社会的関心の高さにこたえて公害問題に関する集中的な討議が行われたことから「公害国会」と呼ばれた。政府は，全国各地で問題化していた公害への対処には公害関係法制の抜本的整備が必要と認識した。そして，公害対策基本法改正案をはじめとする公害関係 14 法案を提出し，そのすべてが可決成立した（一般財団法人　環境イノベーション情報機構，2009）。これらの公害関係法律に基づき，臨海部で操業する工場・事業所からの大気汚染，水質汚濁に関する規制も大幅に強化された。

港湾法も 1973（昭和 48）年に大幅に改正され，重要港湾において港湾計画を策定することが義務付けられ，港湾計画に港湾の環境の整備及び保全に関する事項を定めることとなった。また，他の社会資本に先駆けて港湾計画の策定時に計画段階の環境アセスメントを行わせることとした。さらに，公有水面埋立免許の出願に際しても環境アセスメントを実施しなければならないこととした（国土交通省港湾局，2005）。このような施策のもとで，港湾地域の大気，水質，底質等の環境改善と砂浜，干潟等の自然環境の保全・回復対策に力を入れて取り組むこととなった。また，この港湾法改正においては，港湾における緑地，海浜，廃棄物埋立護岸，海洋性廃棄物処理施設等の整備が港湾環境整備事業として採択されることとなった。このような政策は，環境の保全・改善に配慮しながら，計画的に港湾の開発を進める上で一定の効果をあげたと言える。

1975（昭和 50）年頃から，わが国の財政収支状況が悪化し始め，国債発行残高が増大を続けることとなった。そのため，1981（昭和 56）年に政府は，第 2 次臨時行政調査会を設置し，「増税なき財政再建」を旗印として行政改革，財政改革を集中的に進めた。その代表的事例として，国鉄，電電公社，専売公社の民営化が挙げられる。さらに，公共事業分野への民間の資金やノウハウの導入を図る「民間活力」（以下，民活という）による事業を積極的に推進することとなった。港湾分野においても，全国で数多くの民活プロジェクトが認定された。具体的には，旅客ターミナル施設（神戸港における事例として図 7–9 参照），国際会議場，港湾文化交流施設，総合輸入ターミナル，港湾流通センター等

出典：神戸ハーバーランド，ウェブサイト

図7–9　神戸港高浜岸壁

が，補助金，税の減免，無利子及び低利融資による支援を受けて整備された。

民活の基本法である「民間事業者の能力の活用による特定施設の整備の促進に関する臨時措置法」は1986（昭和61）年に制定された。しかし，民活という事業手法自体は，すでに明治初期に採用されていたことを，ここで指摘しておきたい。

5. 安定成長とグローバル化

1980（昭和55）年代になると，国内外の経済変動や産業構造の変革に伴い，**図7-6**に示したように，1980年をピークとしてその後数年間，港湾貨物量は減少または横ばいとなった。これは，オイルショックを契機として，製造業における高付加価値型産業への転換と，サービス産業の拡大により，経済活動の増大が港湾貨物量の増加に結びつかなくなったためである。経済の拡大と港湾貨物量の増加を前提としていたそれまでの港湾整備政策は，見直しを迫られることとなった。そこで，1985（昭和60）年に当時の運輸省（現・国土交通省）港湾局は，長期港湾整備政策としての「21世紀への港湾」を策定した。この長期政策においては，港湾貨物量の増大に対応する量的充足ではなく，様々な高度化するニーズに対応した質的充実を主な目標と定めた。この政策では，“港湾においては水際線の前後において，物流，産業，生活にかかわる諸機能が調和よく導入され，相互にその機能が連携しあい，全体として高度な機能を発揮できる総合的な空間が必要となる。安定成長が続く時代を迎えた今日，貨物量の増大と工業用地の拡大への対応から行政の重点を転じ，人，物が集まり多様な活動が高度に営まれる総合的な港湾空間の創造を目指す”（運輸省港湾局，1985）こととされた。

1980年代後半になると，アジア諸国の工業化が急速に進展した。また，1985（昭和60）年のプラザ合意による急速な円高，ドル安により，わが国製造業の海外進出が拡大した。これに伴い，わが国の貿易構造も大きく変化し，アジア諸国との中間財や最終製品の貿易量が増え，コンテナ貨物量が大きく増大することとなった。その結果，それまで，京浜港，阪神港，名古屋港などの三大湾の港湾において主として取り扱われていたコンテナ貨物が，地方の港湾においても取り扱われるようになった。この状況を背景として，1990（平成2）年に策定された長期政策である「豊かなウォーターフロントをめざして」においては，**図7-10**に示すように，全国各地に外貿コンテナターミナルを整備する構想がとりまとめられた。

プラザ合意以降，世界経済のグローバル化が急速に進み，世界の貿易構造が変化しつつ拡大し，国際コンテナ輸送構造に大きな影響を与えることとなった。コンテナ船社の合併，買収が急速に進むとともに，コンテナ航路の配船の効率化のため，船社間の業務提携（アライアンス）の編成が進んだ。また，輸送コスト削減を目指して，規模の経済性を求めてコンテナ船の大型化が急速に進んだ。1995（平成7）年に5,000TEU（20フィート換算コンテナ個数）級だった最大船型が1996年に8,000TEU級となり，2006（平成18）年には14,000TEU級，さらに2013（平成25）年からは20,000TEU級と，急速に大型化した（柴崎，2018）。船型の大型化に伴い，船舶の運航回転率を高めるため，寄港地の集約化が進み，コンテナ貨物量が相対的に少ない港湾では，欧米の基幹航路のコンテナ船の寄港頻度は減少した。この結果，近隣国の中国の上海港や，韓国の釜山港が，いわゆるハブ港湾となり，わが国の主要港湾における欧米航路の本船寄港便数が減少し，わが国の地方港と結ぶ釜山港等での積み替え貨物が増大した。

以上のような状況に対応するため，国土交通省港湾局は，コンテナ港

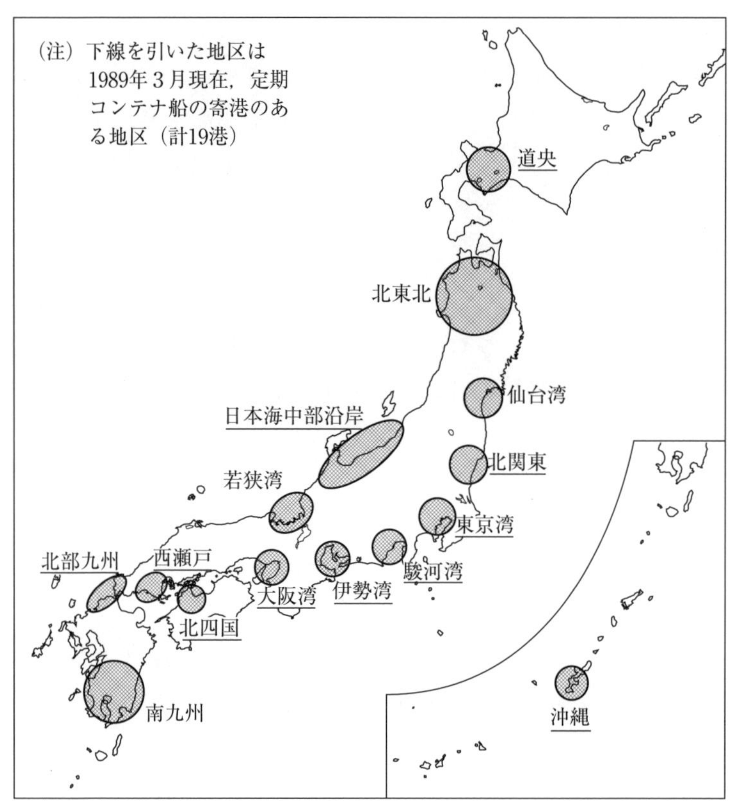

出典：運輸省港湾局（1990）『豊かなウォーター・フロントをめざして』大蔵省印刷局

図7-10　外貿コンテナ港湾の配置構想

湾の「選択」と「集中」により国際競争力を強化する必要があるとして，2010（平成22）年に国際コンテナ戦略港湾政策を策定した。そして，国において競争力強化に必要となる一定要件を満たす港湾の募集が開始され，京浜港と阪神港が国際コンテナ戦略港湾として選定された。なお，伊勢湾（名古屋港及び四日市港）は国際コンテナ戦略港湾に準ずるものとして位置付けられた。この国際コンテナ戦略港湾政策においては，港湾運営会社制度によりそれぞれの湾全体に立地するコンテナターミナルを，一つの港湾運営会社が一体的に運営することにより，公設民営による効率的な港湾運営を目指すこととなった。なお，港湾運営会社として，大阪湾においては，2014（平成26）年に，神戸港と大阪港を対象区域として，阪神国際港湾㈱が設立された。東京湾においては，2016（平成28）年に，横浜港と川崎港を対象区域として，横浜川崎国際港湾㈱が設立された。現時点（2021年1月）では，東京港はこの一体的運営には参画していない。

今まで説明してきたコンテナ輸送の対象貨物は主として，電気製品，機械器具，日用品，衣類等の最終消費物資や中間生産物である。一方，世界のエネルギー，資源，食糧等の太宗（たいそう）貨物である石炭，鉄鉱石，穀物等はコンテナ船ではなく，バラ積み貨物船（バルク船）で輸送されている。これらのバルク船も大型船による一括大量輸送によるスケールメリットが追及され，大型化が進展した。これらの資源等のほぼ100％を輸入に依存しているわが国として，バルク船の大型化に対応するための港湾整備も非常に重要な課題となった。そこで，国土交通省は国際バルク戦略港湾政策を策定した。穀物に関しては釧路港，鹿島港，名古屋港，水島港，志布志港の5港，鉄鉱石に関しては木更津港，水島港，福山港の3港，石炭に関しては小名浜港，徳山下松港，宇部港の3港を，国際バルク戦略港湾として2011（平成23）年に選定した。なお，選定された10港のうち，現時点（2021年1月）では，小名浜港，釧路港，徳山下松港の3港が特定貨物輸入拠点港湾に指定されており，大水深岸壁等の整備，高能率な荷さばき施設等の税制特例などの支援制度，港湾区域内の工事等の許可等の特例などの措置が講じられている。

以上説明したように，わが国の港湾は古代より現代に至るまで，時代の政治，経済，社会の流れと国際情勢の変動を反映しつつ，その整備・

運営・利用形態を変貌させながら，それぞれの時代の要請に対応した発展と変革を続けている。

《学習のヒント》

1．江戸幕府が，開港場として江戸，大坂ではなく，横浜，神戸を選択したのは何故か？
2．港湾法が，戦後になってようやく制定されたのは何故か？
3．グローバル化が，わが国の港湾にどのような影響を与えたか？

引用文献

五味文彦他（1998）『詳説日本史研究』山川出版社
黒田勝彦（2014）『日本の港湾政策』成山堂書店
横浜市（2019）『みなとへＧＯ！　横浜港の歴史（1）』https://www.city.yokohama.lg.jp/kanko-bunka/minato/taikan/manabu/rekishi/history1.html　最終閲覧2020年8月1日
神戸市（2019）『神戸港の歴史』https://www.city.kobe.lg.jp/a74134/kurashi/access/harbor/rekishi.html　最終閲覧2020年8月1日
小学館（1994）『日本大百科全書』
社団法人日本港湾協会（2007）『新版日本港湾史』成山堂書店
木村琢磨（2011）『法理論の観点からみた改正港湾法』,「港湾」2011年6月号，日本港湾協会
内閣府『国民経済計算（GDP統計）』https://www.esri.cao.go.jp/jp/sna/data/data_list/sokuhou/files/2001/qe011/gdemenuja.html　最終閲覧2020年8月

15日
日本港湾協会『港湾貨物取扱データ』https://www.phaj.or.jp/distribution/128/old_data.html　最終閲覧2020年8月15日
神栖市ホームページ（2019）https://www.city.kamisu.ibaraki.jp/kanko_sports/ss_facility/1002393/1002394/1002397.html　最終閲覧2020年8月17日
一般財団法人環境環境イノベーション情報機構（2009）『環境用語』http://www.eic.or.jp/ecoterm/?act=view&serial=767　最終閲覧2020年8月17日
国土交通省港湾局（2005）『今後の港湾環境政策の基本的な方向について』
運輸省港湾局（1985）『21世紀への港湾—成熟化社会に備えた新たな港湾整備政策』大蔵省印刷局
柴崎隆一他（2018）『グローバル・ロジスティックス・ネットワーク』成山堂書店

参考文献

池田龍彦他（2016）『海からみた産業と日本』放送大学教育振興会

8　港湾のステークホルダーと国内外の関連組織

篠原正治

《目標＆ポイント》　港湾の基本的な機能を概観した上で，港湾活動に関連する数多くのステークホルダーの役割とそれぞれの関係について学ぶ。また，ステークホルダー間での利害対立を調整するメカニズムについても考察する。さらに，国際港湾協会（IAPH）の創始者である松本学の先見性と功績を理解する。

《キーワード》　港湾の機能，港湾計画，公共投資，民間投資，受益者負担，国際港湾協会，松本学

1．港湾の機能

「港湾とは何か？」という質問に答えるのは，そう簡単ではない。そもそも港湾法には，港湾の定義が記述されていない。また，過去に出版された港湾に関する多くの著作物にあたってみても，それぞれ千差万別の説明がなされている。したがって，本書ではあえて定義を示さずにおくこととし，その代わりに，港湾のさまざまな機能について解説することとしたい。

港湾法に基づく港湾管理者が設立されている港湾は全国で993港を数え（2020年4月現在），まさに，全国津々浦々に港湾が存在している。なお，農林水産省が所管する漁港法に基づく漁港は2,790港を数える（2020年4月現在）。港湾にはその機能と性格に応じて，港湾法による港格が定められており，国際戦略港湾（東京港，横浜港，川崎港，大阪

港，神戸港の5港），国際拠点港湾（千葉港，名古屋港，広島港，博多港等18港），重要港湾（102港），地方港湾（807港），56条港湾（61港）に分類される。国際戦略港湾は，国際海上コンテナ輸送の拠点であり，その競争力強化を図ることが必要な港湾である。国際拠点港湾は，国際海上貨物輸送の拠点となる港湾である。重要港湾は，前2者の港湾以外で，国の利害に重大な関係を有する港湾である。地方港湾は，地方の利害に関わる港湾であり，56条港湾は，都道府県知事が水域のみを公告した特に小さな港湾である。

これらの港格の違いにより，防波堤，岸壁，航路・泊地等の港湾施設整備事業が，国の直轄事業，港湾管理者による補助事業あるいは単独事業となるかが決まってくる。また，事業費における国の負担率や補助率も変わってくる。国際戦略港湾における国の負担率が最も高く，例えば直轄事業の耐震強化コンテナ岸壁については国費7割である。一方，地方港湾の補助事業においては，原則として国費4割となっている。なお，北海道，沖縄，離島等については，地域の振興に関わる特別の法律の定めにより，国の負担率，補助率は優遇されている。以上は，港湾法に基づく港湾の機能，分類，財政措置である。

次に，港湾利用者あるいは一般市民の視点で見る港湾の機能による分類について説明する。

①商港　国内外の物流ネットワークにおいて海陸の結節点としての役割を果たし，一般貨物船，コンテナ船，自動車輸送船，フェリー等が利用する。

②工業港　港湾と一体となった鉄鋼，石油化学等の臨海工業地帯を有する港湾で，鉱石専用船，原油・石油製品タンカー，ケミカルタンカー等が利用する。

③エネルギー港　石油精製，発電所，ガス工場等を有する港湾で，原

油タンカー，石炭専用船，LNG 運搬船，LPG 運搬船等が利用する。

④観光港　観光等余暇活動のための港湾で，クルーズ船，遊覧船等が利用する。

⑤マリーナ　海洋性レジャー，マリンスポーツのための港湾で，クルーザー，ヨット，モーターボート，遊漁船等が利用する。

⑥漁港　漁業活動のための港湾で，漁船が利用する。

⑦避難港　台風時，荒天時において，船舶が避難するための港湾。

なお，一つの港湾が，上記のいくつかの機能を有している場合も少なくないことに留意する必要がある。特に国際戦略港湾，国際拠点港湾に指定されている大規模な港湾の多くは，上記のほぼ全ての機能を有していると言っても過言ではない。

2. 港湾の施設

港湾法に規定されている港湾の施設は多種多様である。**図 8-1** に，様々な港湾施設を示す。なお，一つの港湾に，これらの施設が必ずしも全て存在しているわけではないことに留意してほしい。これらの施設のうちで，最も基本的な港湾施設である水域施設，外郭施設及び係留施設について，以下に解説する。

①水域施設

水域施設とは，航路，泊地，船だまり等である。港湾区域内において船舶が通航する特定の水面を航路（陸上交通における道路に該当する），また船舶が回頭（旋回あるいは方向転換）または係留する水面を泊地という。なお，港湾区域とは，港湾管理者が設定した特定の公有水面のエリアで，港湾の管理運営上必要となる水域であり，この区域内では港湾法が適用されることとなる。

① 水域施設	⑤ 航行補助施設	⑧の２ 船舶役務用施設	⑩ 港湾厚生施設	⑬ 港湾役務提供用移動施設
② 外郭施設	⑥ 荷さばき施設	⑨ 港湾公害防止施設	⑩の２ 港湾管理施設	⑭ 港湾管理用移動施設
③ 係留施設	⑦ 旅客施設	⑨の２ 廃棄物処理施設	⑪ 港湾施設用地	
④ 臨港交通施設	⑧ 保管施設	⑨の３ 港湾環境整備施設	⑫ 移動式施設	

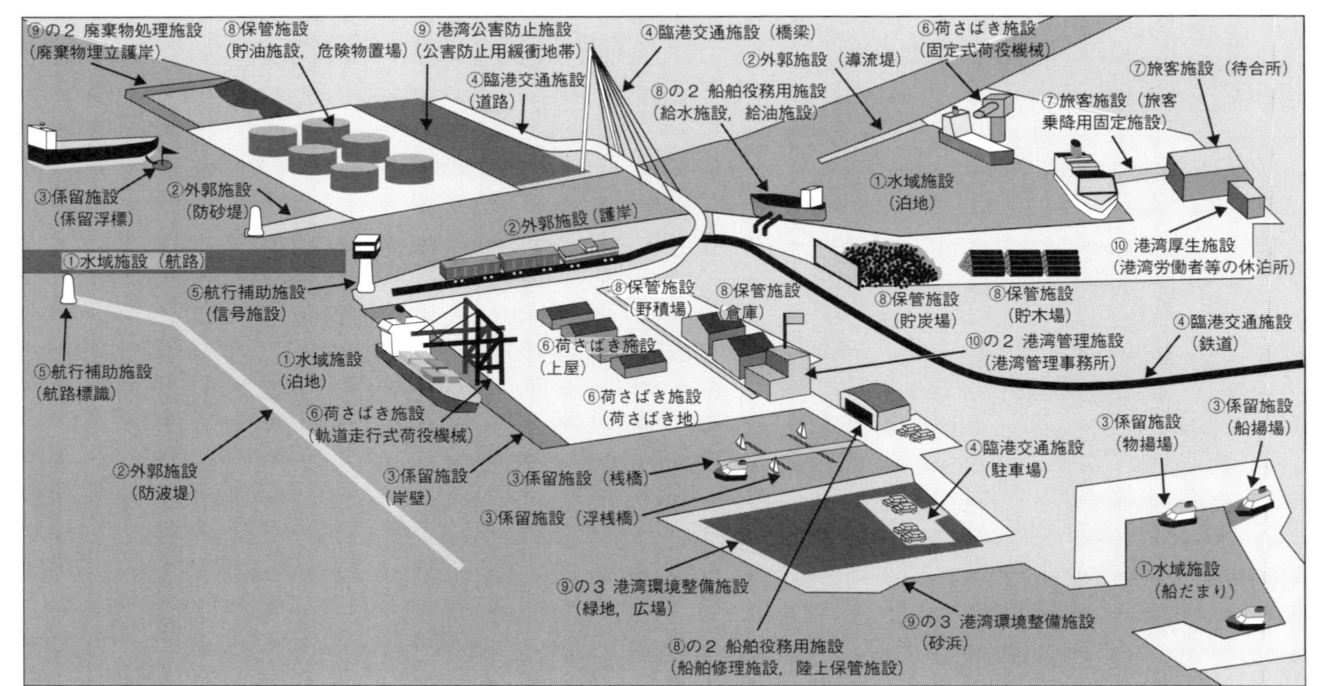

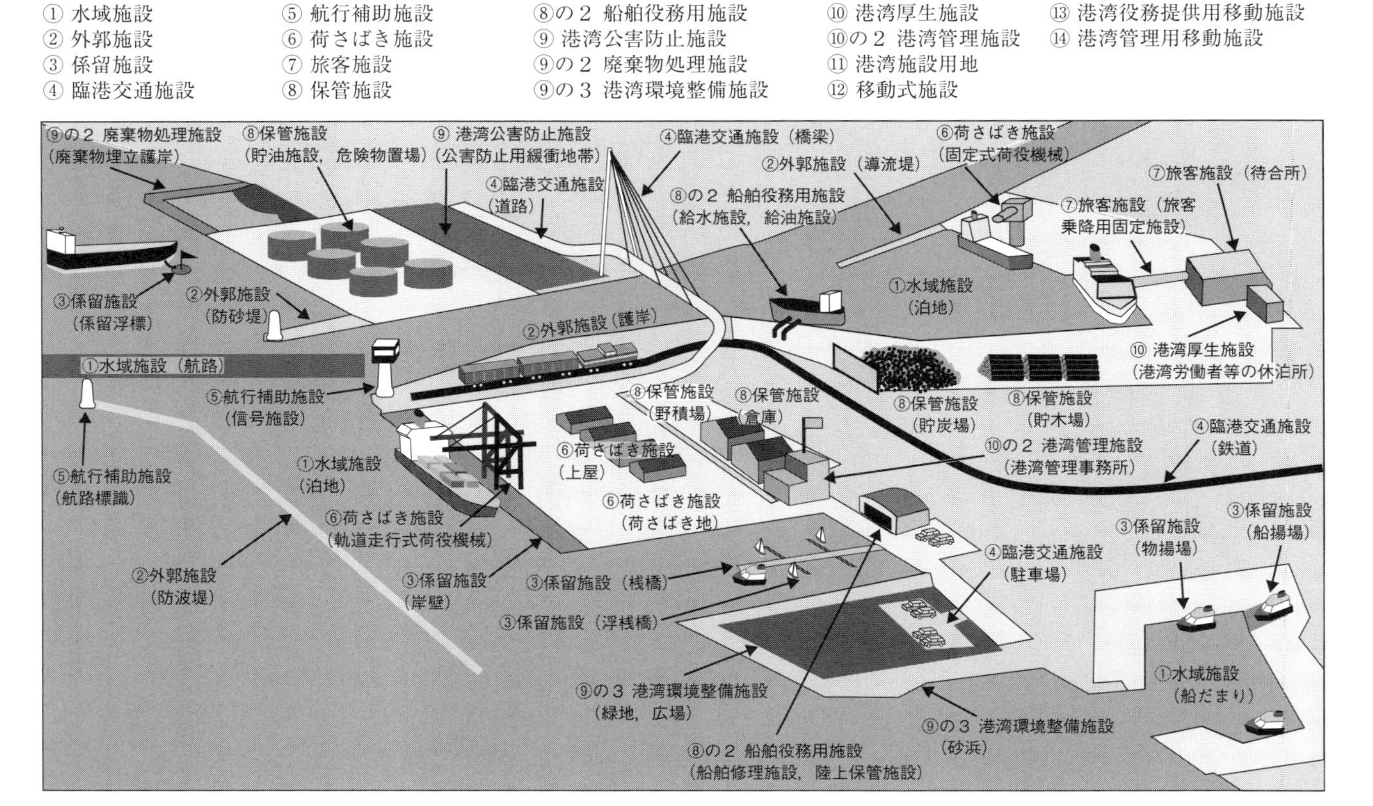

〔出典：国土交通省港湾局〕

図8-1　様々な港湾施設

②外郭施設

外郭施設とは，防波堤，防砂堤，防潮堤，導流堤，水門，閘門，護岸等である。防波堤は，港内における船舶の安全な航行，停泊及び円滑な荷役のために港内の波高を基準値以下に抑えるために必要な施設である。防砂堤は周辺からの砂の移動により，港内の水深が浅くなるのを防ぐ。導流堤は，港内に流入する河川からの流下土砂により，港内の水深が浅くなるのを防ぐ。水門は，高潮，津波等から背後地を守るための施設である。

③係留施設

係留施設とは，岸壁，桟橋，係船浮標等である。岸壁は，船舶が係留するための土木構造物であり，典型的な構造の一つとして，ケーソン形式の係留施設の断面を**図 8-2** に示す。桟橋も同様な目的を有する土木構造物であるが，**図 8-3** に示すように，船舶を係留する部分を埋め立てずに，杭と床版による構造となっている。

3. 港湾のステークホルダー

本章第１節で述べたように，港湾は様々な機能を有しており，物流，生産，商業，生活，レジャー等様々な活動が営まれている総合的な空間である。物流においては，船舶の入出港，貨物の揚げ積み・保管，貨物の背後輸送等が行われている。また，臨海工業地帯では，港湾と関連の深い製造業が活動している。さらに，商業・生活・レジャーにおいては，ウォーターフロントにおける商業・物販・アミューズメント施設やフェリー，クルーズ，マリンレジャー等に関連する様々な業種が活動している。

これらの活動に関係する民間のステークホルダーとしては，船社，港運業，港湾労働組合，倉庫業，船舶代理店，水先案内人（港内や狭水路

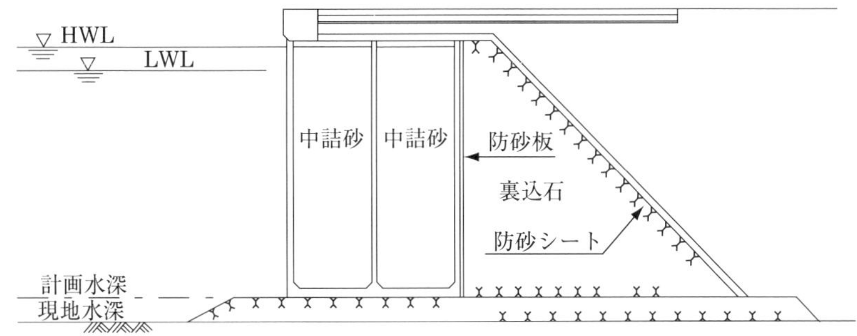

図8-2 ケーソン式係留施設

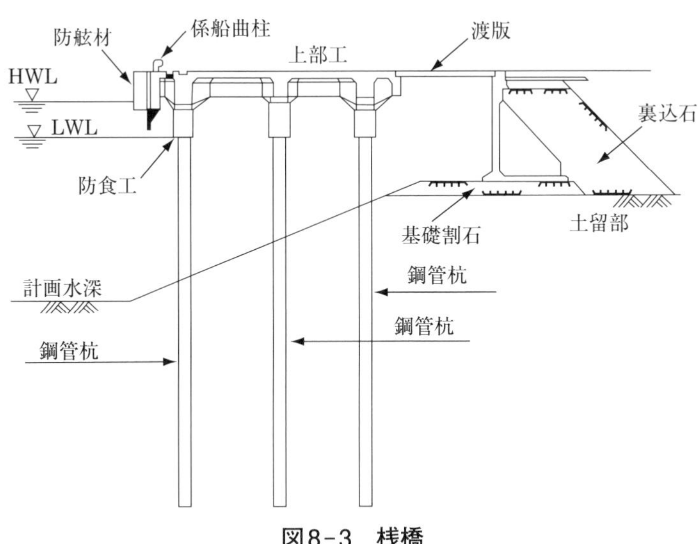

図8-3 桟橋

での船舶操縦を支援)，港湾関連サービス業（給水，給油，廃棄物処理等)，荷主，商社，フォワーダー（コンテナ貨物輸送の引き受け業者)，陸上輸送業，保険業，金融業，臨海部立地製造業，物販業，レジャー産業，漁業，港湾建設業，港湾荷役機械メーカー，投資ファンド等が挙げられる。官公庁のステークホルダーとしては，港湾管理者，地方自治体の各担当部局，国土交通省の各担当部局，海上保安庁，環境省，税関，出入国管理局，検疫所，防疫所などが挙げられる。なお，重要なステークホルダーとして，港湾の周辺住民，背後都市の市民，広くは一般国民の存在を忘れてはならない。周辺住民は特に生活環境に関して，港湾活動による大気汚染，騒音等の影響を大きく受ける。背後都市の市民は，都市の一部である，または隣接する港湾の性格，機能に関して，意見を述べる権利を有している。また，一般国民は，納税者からの視点として，様々な港湾整備事業に充当される一般財源のあり方について監視することができる。

さらに，わが国の主な港湾は，国際海上貿易ルートにより，海外の港湾と接続しており，外国船舶が頻繁に出入港を行う。したがって，世界に開かれた港湾として，統一された規則や手続きを遵守する必要がある。これに関して，海運及び港湾を所管する国際機関として国連の組織である国際海事機関（IMO）が存在するとともに，世界の港湾管理者の団体である国際港湾協会（IAPH）等の NGO も積極的に活動している。なお，IAPH は日本人が主導して創立し，東京に本部を置く国際組織であり，これに関しては，本章 7 節と 8 節で詳述する。

以上，説明したように，港湾に関するステークホルダーは官民にわたり非常に数多く存在し，さらに国際機関，団体も深く関与している。

4．ステークホルダー間の利害調整

前節で記述したこれらの数多くのステークホルダーの利害は必ずしも一致せず，むしろ対立することも多い。例えば，ある港湾において新たな国際コンテナターミナルの岸壁とヤードを建設する場合を考えてみよう。この場合，ターミナル建設の主体は国土交通省及び港湾管理者（通常は都道府県または政令指定都市）となる。周辺の住民は，建設工事と施設供用後の騒音，大気汚染，水質汚濁，大型トラックの交通量の増大等の環境悪化を重要視するため反対することが多い。工事区域近傍で操業する漁民も反対するか，あるいは漁業補償を要求する。自治体の環境部局は工事中及び供用後の十分な環境保全対策を取ることを要請する。環境省も，当該工事が比較的大規模であれば，工事中及び施設供用が環境に及ぼす影響を事前に評価した環境影響評価書の詳細な説明を求めた上で，環境省としての意見を提出する。海上保安庁は，新たに建設する岸壁への入出港船舶の航路・泊地計画について，航行安全の確保に支障があるかどうか検証した上で，意見を述べる。税関は，当該港湾が関税法上の開港にすでに指定されているかどうかを確認し，もしそうでない場合には，新たな開港として指定できる要件を備えているかどうか判断する。出入国管理局と検疫所は，主として外航客船用の岸壁整備に関して，それぞれの立場から適切な施設配置に関して意見を述べる。

民間セクターのステークホルダーの関与としては，まずコンテナ船社からの利害関係の表明がなされる。つまり，当該港湾で既存のコンテナターミナルをすでに利用している船社が，新規のターミナル整備により，競争相手である新たな船社の定期航路サービスが提供されて船社間の競争が激化し，コンテナ貨物運賃が下落することを恐れて，当該ターミナルの建設に反対する。その一方で，新たに当該港湾への進出を予定している船社は，諸手を挙げて賛成する。港運業者は，新たなコンテナターミナルでの港湾運送業務をどの会社が担当することになるのか心配するとともに，既存のターミナル業務を担当している港運業者は自らの取扱量が減少することを恐れる。港湾労働組合は，新たなコンテナターミナルを担当することとなる港運業者が当該港湾での既存の港運労働秩序を従来通り守るかどうかに重大な関心を寄せる。荷主及び商社は，新たなターミナルの出現により，貨物輸送手段の選択肢が拡大するため，原則として賛成する。港湾建設業，港湾荷役機械メーカー等は，新たなターミナル建設により建設工事，機械調達の受注機会が増大するため，諸手を挙げて賛成する。

このようなステークホルダー間の利害対立あるいは利益誘導を調整するメカニズムがいくつか存在する。これらのメカニズムの中には，関連手続きや交渉過程を公開せずに結ばれる民間企業同士の交渉による契約や取り決めも多く，これについては，残念ながら記述することはできない。その一方で，港湾法等において明文化されて位置づけられている重要な調整手続きとして，港湾計画の策定と港湾整備事業の採択という二つの重要な手続きを次に説明する。

5. 港湾計画

港湾は国家の発展及び地域経済の振興のために非常に重要な社会資本であり，その整備には巨額の投資と厖大な時間を必要とする。また，港湾活動は近隣及び周辺地域の社会，環境に大きな影響を及ぼす。さらに，前節で述べたように，多種多様なステークホルダーが存在し，港湾の建設，管理，運営の様々な過程で，それぞれの立場を主張して関与するとともに，具体的な要求，要請や意見を提出する。このような数多くのステークホルダーの複雑な利害関係を調整するメカニズムとして，最初に港湾計画の策定手続きを説明する。

図 8-4 に港湾計画策定手続きの流れを示す。まず，港湾管理者が地方港湾審議会への諮問，答申を経た上で，港湾計画を策定する。地方港湾審議会の委員には数多くの関係者が，港湾管理者から任命されている。多くの地方港湾審議会では，学識経験者（地域開発，交通計画，海

事，環境保全，弁護士，会計士等），国の関係省庁の地方部局，自治体の関連部局，地方議会の議員，地域住民団体，商社，船社，港運，倉庫，船舶代理店，水先人（港内及び狭水路で，船長の操船を支援する専門家，英語でPilot），港湾労働組合等の代表者が委員として参画している。この地方港湾審議会に港湾計画の原案を提出し，多数の委員からの様々な意見を聴取した上で，港湾管理者が港湾計画を策定する。実際には，港湾計画の原案を提出する前に，港湾管理者が，当該港湾の長期構想検討委員会（地方港湾審議会とほぼ同様なメンバー構成）を設置して，この場において，委員の意見を十分に踏まえた上で原案を練ることが多い。また，この際に，一般市民からの意見をパブリックコメントと

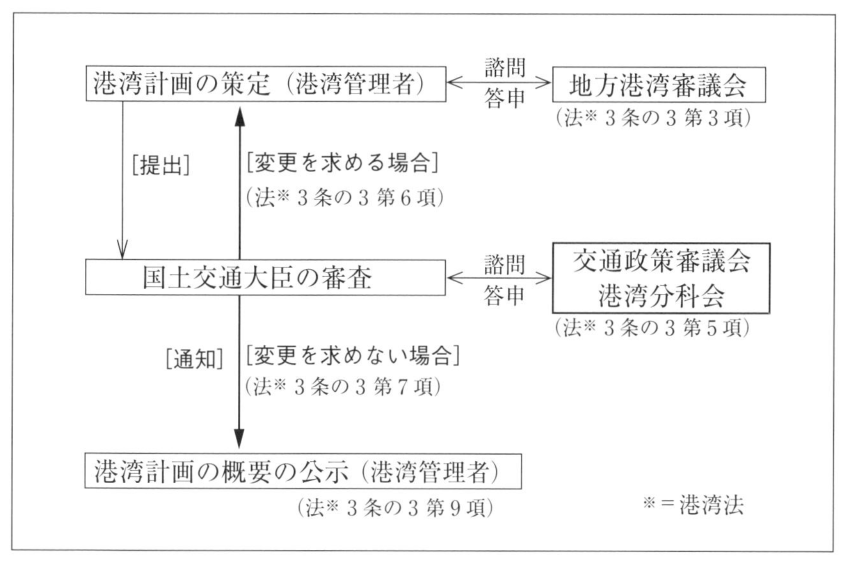

出典：国土交通省港湾局作成資料〈https://www.mlit.go.jp/singikai/koutusin/kouwanbun/1/images/shiryou04.pdf〉

図8－4　港湾計画の策定手続き

して募集するプロセスも採用されている。つまり，この長期構想検討委員会及び地方港湾審議会が，港湾計画の策定に際しての重要な調整メカニズムとして機能していると言えよう。

次のステップとして，国土交通大臣による港湾計画の審査が行われる。この審査の基準として，港湾計画は，大臣が定めた「港湾の開発，利用及び保全並びに開発保全航路の開発に関する基本方針」（以下，基本方針と言う）に適合することが求められている。基本方針（**表8-1**参照）とは，交通体系の整備，国土の適正な利用等を考慮して国の港湾行政を進めるため，国土交通大臣が定めたものであり，いわばわが国港湾のグランドデザインと言える。

また，港湾計画は，「港湾計画の基本的な事項に関する基準を定める省令」に適合しなければならない。この省令は，港湾計画で定める事項とその際に考慮すべき事項を規定したものである。これらの基準に照らして，国土交通大臣が港湾計画を審査する際の視点は，以下の３点である。

表8-1　基本方針のポイント

1．今後の港湾の目標
①効率的で安全な輸送体系の構築
②輸送，生活，産業の機能の調和した港湾空間の形成
③美しく健全な状態で環境を次世代へ継承
2．港湾機能の拠点的な配置
3．良好な港湾環境の形成
4．港湾相互間の連携の確保

（出典：国土交通省港湾局作成資料〈https://www.mlit.go.jp/singikai/koutusin/kouwanbun/1/images/shiryou04.pdf〉）

①その港湾は国の利害にとってどのような役割を果たしているか？
②その役割が十全に発揮できるか？
③国全体または広域的に見て，整合のとれた計画となっているか？

さらに，国土交通大臣による審査に際しては，国土交通省に設置されている交通政策審議会港湾分科会への諮問，答申がなされる。港湾分科会の委員は，学識経験者（公共政策，経済，土木工学，法律，経営管理，海事，マーケティング，ジャーナリズム，マネジメント等）と荷主，船社，港運，物流の関係者で構成されている。地方港湾審議会のメンバーと比較すると，多種多様な分野の学識経験者が数多く任命されている一方で，行政関係者が全く含まれていない点が特徴的である。国及び地方の関係行政機関との調整は，地方港湾審議会においてすでに済んでいる。したがって，国の交通政策審議会においては，国及び当該地域の貿易，物流，経済，地域開発などの観点による審議が求められていると理解できる。

6. 港湾整備事業

交通系の主な社会資本として，道路，鉄道，港湾，空港が挙げられる。これらのインフラ施設の整備に際しては，国または地方自治体の財源あるいは民間資金が充当される。整備すべきインフラ施設の種類，機能，性格，重要度に応じて，それぞれの財源の投入割合が異なってくる。例えば，一般道路や港湾の基本施設の場合には，国と地方自治体が法令に規定されたそれぞれの割合を負担して，公共投資として整備する。また，民営鉄道の場合には，原則として鉄道会社の全額負担である民間投資となる。ただし，鉄道の耐震補強工事や安全対策工事に関しては，国の補助金を得ることもある。空港基本施設では，従来は国及び自治体が負担していたが，関西国際空港の場合は，特殊会社を設立して，国，自治体，民間からの出資金と借入金によって建設された。

このように交通系の社会資本においては，そのインフラ施設の性格等に応じて，充当される整備財源の割合が大きく異なる。これには二つの論点が考えられる。第一点は，その施設利用者を限定あるいは特定できるか否かである。これが出来ない場合には，国または自治体の財源が充当される。第二点は，施設利用者を特定できたとしても，その対価を利用者から徴収することが適切か否かである。不適切な場合は，国または自治体の財源が充当されることとなる。第一点に関して事例を挙げると，都市内の一般道路あるいは大港湾の防波堤においては，数多くの利用者が存在するため，その利用者を限定あるいは特定することは非常に困難である。一方，出入口が限定された自動車専用道路，あるいは鉄鉱石を輸入する港湾のための防波堤においては，その利用者が特定されている。第二点の事例としては，人口の少ない山間部の道路整備，あるいは離島の小規模な客船桟橋では，利用者はある程度特定できるが，シビルミニマム（自治体が住民の生活のために保障しなければならないとされる，最低限度の生活環境基準：大辞林第３版より）の観点から，受益者負担を求めることは適切ではない。

つまり，港湾等の社会資本の整備財源に関して，国，自治体，民間の負担割合を決めるに際してのキーワードは「受益者負担」と言える。非常に単純明快に述べれば，受益者負担を課すことが可能でかつ適切な場合には，その受益の程度に応じて，利用者に整備負担金を課す，あるいは利用者から利用料を徴収するということになる。ただし，社会資本整備の財源負担の考え方に関しては，その時代の財政状況や，経済・社会の変容に伴って，少なからず変化していることに留意する必要がある。また，わが国と諸外国とを比較しても，その考え方はかなり異なることも付け加えておきたい。

7. 港湾関連の国際組織

本章3節で，港湾のステークホルダーについて解説した際に，港湾に関連する国際機関・団体として国際海事機関（IMO）と国際港湾協会（IAPH）を紹介した。この他にも港湾関連の国際組織として，国際航路協会（PIANC）と国際荷役調整協会（ICHCA）が活動している。

国際港湾協会（International Association of Ports and Harbors, IAPH）は日本人の主導により1955（昭和30）年に設立された，世界で唯一の港湾管理者の団体である。IAPH本部事務局（**図8-5**）は東京都港区に設置され，本部事務局を統括する事務総長は，初代から日本人が務めている。国連機関であるILO，IMO，UNCTAD等から非政府諮

図8-5　IAPH本部事務局職員〔中央は古市正彦事務総長，本部事務局提供〕

問機関として公式に認められ，国際的な課題について全世界の港湾を代表している。IAPHの正会員として，世界の主要な港湾管理者が152港（2020年5月末時点）加盟している。また，港湾関係の公共的団体，各種協会，企業，大学，個人等，約117者が賛助会員として参画している。会員の港湾の貨物取扱トン数は，世界の約60％を占め，コンテナ取扱量は約70％を占めている。国際港湾協会の総会は各地域持ち回りで年1回開催され，技術委員会での審議，会長・副会長の就任，IAPH各賞の表彰，総会決議等が行われる。毎年，世界の港湾及び海事関係者が約1,000名参加している。決定機関は，理事会であり，その構成は，会長と6名の副会長から構成される。また，評議会は理事会メンバー，事務総長，専務理事，技術委員会委員長等から構成され，重要事項の審議を行う。

なお，6人の副会長の担当地域は，欧州，アフリカ，東南アジア・オセアニア，東・西・南アジア及び中東，北米，中南米である。筆者は，2016（平成28）年11月に副会長に選任され，担当地域は，東・西・南アジア及び中東である。筆者が，初めてIAPHの会議に参加したのは，2011（平成23）年の釜山総会である。その後，エルサレム，ロサンゼルス，シドニー，ハンブルク，パナマ，バリ，バクー，広州と毎年参加している。その度に，新たな知見を得るとともに，世界の港湾関係者との交流もでき，大変貴重な機会となっている。

PIANCは，河川や運河を利用した内陸水運の発達したヨーロッパにおいて，円滑かつ効率的な交通・交易のための国際間協議を目的として開催された国際航路会議を機に1885年に設立された団体である。また国連の諮問機関にも指定されている。ベルギー国ブラッセルに本部を置き，当初は内陸水路・内陸港のみを対象とした国際会議であったが，1898年第7回大会から海洋港も討議の対象として扱うようになった。

毎年総会（AGA）を開催し，4年毎に会員各国が開催国となって国際航路会議（Congress）を開催するほか，港湾・航路等の技術的課題に関する調査研究（WG）など，幅広い活動を続けている（国際航路協会日本部会，2020)。わが国も国土交通省，自治体の港湾部局，港湾関連民間企業など数多くのメンバーが，PIANCの会員として活動している。1990（平成2）年の第27回国際航路会議大阪大会では，当時の皇太子殿下（今上天皇）を大会の名誉総裁として推戴し，殿下から「交通路としてのテムズ川」と題したご講演をいただいた。

国際荷役調整協会（ICHCA）は，貨物の荷役と輸送における安全性と効率の向上を通じて社会の発展のために寄与することを目的として，1952年に設立された，ロンドンに本部を置く非政府・非営利の国際団体である。設立当初は港湾関係の問題を対象とする組織であったが，その後対象範囲が陸・海・空に拡張され，物流ロジスティックス全体の効率性と経済性を促進することを目的に活動している。最近の活動では，経済のグローバル化，国際競争の激化，発展途上国経済の発展等の情勢変化を背景に，コンテナ貨物の輸送・荷役の安全・セキュリティ問題や，ターミナルの自動化・効率化などの分野の調査研究や情報交換に重点を置いている（国際荷役調整協会日本部会，2016)。わが国からも，官民双方のセクターから多くのメンバーがICHCAに加入して，積極的に活動している。

8. IAPH誕生の歴史と創立者の松本学

IAPHはわが国港湾の大先輩3人が主導して設立した国際的な港湾関係者の団体である。当時の日本港湾協会会長松本学（内務省出身），神戸市長原口忠次郎（内務省出身），運輸事務次官秋山龍の3氏は，第二次世界大戦後の港湾復興過程において，国際的な港湾の協力と連帯の重要性を認識して，国際港湾社会の組織化を目指した。この大先人達は，先進的な構想力と驚異的な行動力により，1952（昭和27）年に，神戸に世界の主要港関係者を招き，第1回国際港湾会議を開催した。この会議において，恒久的な港湾関係の国際的組織の設立について決議がなされた。そして，1955（昭和30）年に，世界の港湾関係者から賛同を得て，ロサンゼルスで第2回国際港湾会議が開催され，IAPHが正式に設立された（国際港湾協会協力財団，2020）。

IAPH創立に尽力した三人の大先輩の中で，稀有なリーダーシップ，斬新な企画力，粘り強い交渉力を発揮して，最も中心的な役割を担ったのは，松本学（**図8-6**）である。松本は岡山県出身であり，1886（明治19）年に生まれ，1974（昭和49）年に没した。

松本は東京帝国大学法科大学を経て，1911（明治44）年に内務省に入省した。内務省では土木局道路課長，河川課長，港湾課長，庶務課長を歴任した。これらの経歴を現在の組織にあてはめれば，国土交通省道路局長，水管理・国土保全局長，港湾局長，官房長を全て務めたこととなる。1922（大正11）年に，港湾課長として，松本は当時の南満州鉄道の協力を得て，中国の大連で，全国港湾会議を開催し，港湾協会を設立した。さらに，1932（昭和7）年の五・一五事件直後に，内務省警保局長（現在の警察庁長官）に就任した。この任期中に起こった，大阪市内での交差点交通整理における，巡査と軍人とのいざこざに端

出典：IAPH本部事務局資料

図8-6　戦後の松本学

を発した“ゴーストップ事件”では，軍部に対して一歩も譲らなかったことが，有名な逸話として残っている。内務省退官後は貴族院勅撰議員に任じられた。戦後は中央警察学校（現在の警察大学校）校長を2年間務めたあと，官職から離れた。そして，1947（昭和22）年に日本港湾協会会長に就任し，その在任中にIAPHを創立したのである。その後，日本河川協会会長，社団法人世界貿易センター会長，自転車振興会会長なども歴任した。

松本は，戦後の混乱期において，わが国の港湾の将来を見据えながら，世界における港湾関係者の連帯の重要性を認識し，その強力なリーダーシップと，特筆すべきバイタリティーと先見の明により，世界の港湾関係者に積極的に働きかけて，IAPHを設立するという偉業を達成した。太平洋戦争の敗戦後数年を経ずして，港湾の国際機関を新たに創るという，当時としては無謀とも思える大胆な着想を実現したことは，後世の私達にとっては，奇跡とも思える。

最後に，松本の人となりを知るうえで，興味深い逸話をご紹介したい。ロサンゼルスでのIAPH設立総会の終了後の主要港湾関係者の会議において，初代のIAPH会長の人選が議題となった。米国をはじめ，参集したほとんど全ての国の関係者が，当然，松本が初代会長に就任すべきだと強く要請した。しかし，松本はこれを固辞した。その理由は，「創立者の私が，そのまま会長になるよりも，他国から人格，識見ともに優れる港湾人に会長に就任していただく方が，IAPHの今後の発展に大いに寄与すると思う。」とのことであった。このやり取りを隣で見ていた，台湾の陳氏（IAPH初代副会長）が，松本のこの言動を評して，「以退為進」という中国漢時代の学者である揚雄の格言を紹介した。訓読みすると，「退くを以て，進むと為す。」となる。つまり，「譲歩することによって，結果的には前進し，より多くの利益を得ることとなる。」

という意味である。この逸話から，松本の謙虚さに支えられた確固たる信念を窺い知ることができる。

《学習のヒント》

1．港湾のステークホルダー間の利害調整メカニズムとして，さらに望ましい方法があるかどうか考えてみよう。
2．交通インフラの整備財源のあり方について，どう思うか？
3．IAPH 創始者の松本学の考え方と人柄についての感想を述べよ。

引用文献

1．国際航路協会日本部会（2020）『PIANC の起源と現状』〈http://pianc-jp.org/pianc/index.html〉 最終閲覧 2020 年 10 月 8 日
2．国際荷役調整協会日本部会（2016）『ICHCA 活動報告書』
3．国際港湾協会協力財団（2020）『IAPH について』〈https://www.kokusaikouwan.jp/about/outline/〉 最終閲覧 2020 年 10 月 9 日

参考文献

港湾学術交流会（2014）『新版港湾工学』朝倉書店
多賀谷一照（2018）『詳解逐条解説港湾法三訂版』第一法規

9 世界の港湾における近年の動向

篠原正治

《目標＆ポイント》 日本と海外の主要港湾の管理運営形態の相違点を比較して理解する。また，近年，急速に普及している自動化コンテナターミナルの特徴と，港湾運営における情報通信技術（ICT）の活用状況について理解する。さらに，地球環境保全のために，港湾で取り組むべきさまざまな環境対策について学ぶ。

《キーワード》 1層構造と6層構造，サッチャリズム，グローバル・コンテナターミナル・オペレーター，投資ファンド，自動化，労働安全，ICTの活用，情報プラットフォーム，地球規模の環境対策，ゼロエミッション

1．国内外の港湾の管理運営形態

世界のコンテナ港湾の管理運営体制の類型化に際しては，いくつかの視点が存在する。一つの例を紹介すると，既存の研究論文で代表的なものは，Bairdの港湾管理者モデルと呼ばれるものである（川崎芳一他，2015)。これは，コンテナ港湾の管理運営における公共セクター関与の強さの度合いにより，公共サービス型，ツール型，ランドロード型，完全民営型の4つに分類している。公共サービス型は，ほぼ全ての管理運営を公共セクターが担い，ツール型は一部のサービスを民間セクターに任せ，ランドロード型では，公共セクターは土地の所有者の役割のみに限定され，完全民営型では，全ての所有・管理・運営を民間企業が担う。

ここでは，従来の観点とは異なり，港湾の管理運営におけるステーク

ホルダーの層数によって分類することとした。これによると，欧米，アジアにおける主要国のコンテナ港湾管理運営体制を，それぞれ**表 9-1**，**表 9-2** のように分類整理することができる。

米国の場合は，港湾管理者は自治体であり，ターミナルオペレーターが複数または多数存在する。さらに，米国西岸港湾には International Longshore and Warehouse Union，米国東岸港湾には International Longshoremen's Association という強大な力を有する港湾労働組合が存在する。これらの労働組合は，産業別労働組合として，港湾労働者から構成される一種の独占的な労働者派遣企業と見なすこともできる。独占企業であるがゆえに，コンテナ港湾の管理運営における強力なステークホルダーとしての交渉力を有している。したがって，米国の場合は，自治体，ターミナルオペレーター，労働組合の 3 層構造となっている。

欧州大陸の港湾（ロッテルダム，アントワープ，ハンブルク等）は，原則として港湾管理者（自治体または特殊会社）とターミナルオペレーターの 2 層構造となっている。労働組合は，ステークホルダーとして米国ほどの交渉力を有していない。

英国の主要コンテナ港湾（フェリックストウ，ロンドン・ゲートウェイ，リバプール等）は，サッチャーによる港湾完全民営化政策のもとで，民間企業である港湾管理者がそのまま単一のターミナルオペレーターとなっている。ただし，サウサンプトンにおいては，港湾管理者は民間企業である Associated British Ports であるが，ターミナルオペレーターは DP World である。つまり，英国においては，1 層または 2 層構造となっている。

中国の主要港においては，港湾管理者は国有企業であり，ターミナルオペレーターの多くは，港湾管理者である国有企業が出資している民間企業であるケースが多い。したがって，中国のコンテナ港湾は 1．5 層

表9-1　欧米におけるコンテナ港湾の管理運営体制

【米国】
港湾管理者：自治体または広域港務局（ロサンゼルス，ロングビーチ，ニューヨーク・ニュージャージー等）
ターミナルオペレーター：複数～多数
3層構造：港湾管理者，ターミナルオペレーター，労働組合
（但し，サバンナ港は1層構造）

【欧州大陸】
港湾管理者：自治体または国・自治体出資の株式会社（ロッテルダム，ハンブルク，アントワープ等）
ターミナルオペレーター：複数
2層構造：港湾管理者，ターミナルオペレーター

【英国】
港湾管理者：民間企業（ハチソン，DP World，Peel Ports 等）
ターミナルオペレーター：港湾管理者である民間企業
1層構造：港湾管理者兼ターミナルオペレーター
（ただし，サウサンプトン港は2層構造）

（筆者作成）

表9-2　アジアにおけるコンテナ港湾の管理運営体制

【中国】
港湾管理者：国有企業（上海港等主要港湾の場合）
ターミナルオペレーター：複数
1.5層構造：港湾管理者，ターミナルオペレーター（港湾管理者が出資しているケースが多い）

【韓国】
港湾管理者：公社
ターミナルオペレーター：複数
3層構造：国，港湾管理者，ターミナルオペレーター

【日本】
港湾管理者：自治体
ターミナルオペレーター：多数（阪神港の場合は元請20社程度）
6層構造：国，港湾管理者，港湾運営会社，埠頭会社，元請，専業

（筆者作成）

となる。

韓国では，主要コンテナ港湾の港湾管理者は港湾公社であり，複数のターミナルオペレーターが存在する。ただし，港湾公社における重要事項の意思決定には国が関与することが多い。したがって，韓国では，国，港湾公社，ターミナルオペレーターの３層構造となっている。

わが国では，港湾管理者は自治体であるが，その他に港湾運営会社，埠頭会社が存在する。また，ターミナルオペレーターとしては，多数の元請会社と専業会社が港湾のオペレーションに関わっている。また，国も港湾運営会社における筆頭株主として関与している。その上，例えば，阪神港の場合では，港湾管理者が神戸市と大阪市の２者，埠頭会社も大阪港埠頭会社が存在している。つまり，わが国の港湾管理運営体制は，他に例を見ない，国，港湾管理者，港湾運営会社，埠頭会社，元請，専業の６層構造となっている。

以上のように見てくると，コンテナ港湾の管理運営体制としては，欧州大陸の港湾が標準的である，と筆者は判断する。英国は異端的とも思えるような，非常に大胆な政策を採用している。これに関しては，後ほど詳述するが，英国のケースは極端ではあるものの，非常に単純明快である。コンテナ港湾の運営管理に関する全ての権利と責任を，一民間企業に完全に委ねている。また，一つのコンテナ港湾には１社のターミナルオペレーターしかいない。つまり，ターミナルオペレーター間での港湾内競争は存在せず，港湾間競争のみが存在する。

わが国の場合には，６層構造の上に，一つの港湾におけるターミナルオペレーターも多数存在する。６層のステークホルダーのうちで，どの者がそのコンテナ港湾のリーダーとなるのか，あるいはあくまでもリーダーは決めずに，関係者間の合議制で全体の管理・運営方策をとりまとめていくのかが，やや曖昧となっている。これは，日本社会の構造的特徴を体現している縮図と見ることもできる。英国はリーダーに全責任を与える国であるが，日本はむしろ関係者が全体として共同で責任を取る（あるいは誰も責任を取らない？）傾向があるように，筆者は感じている。繰り返しになるが，コンテナ港湾の管理運営体制として，関与しているステークホルダーの層数の視点から類型化すると，英国と日本が両極端に位置していると言える。

2. 英国の港湾政策

英国の港湾政策の基本方針は，民営化を徹底的に推進した“サッチャリズム”を時代の背景として眺めると，大変理解しやすい。「英国港湾の計画・管理運営法制」（井上・赤倉，2011）から，いくつかの要点を次の段落で紹介する。

英国の現在の港湾は，Trust ports（トラスト港），Municipal ports（地方港），Private ownership ports（民間港）の3種類に分類される。かつては，その他にRailway company portsも存在していたが，1962年に国営会社である英国港湾運輸公社に移管された。その後，サッチャーが首相となって2年後に制定された1981年運輸法の規定に基づき，英国港湾運輸公社が民営化され，Associated British Ports（ABP）となった。ABPは1984年に全ての株式が売却されて完全民営化が実現された。トラスト港は個別法によって設立された一種の港務局であり，地方港は地方公共団体によって運営される港湾である。民間港はトラスト港と同様に個別法に基づいて設立される港湾であり，埠頭を整備・管理・運営する権限が民間会社に対して付与されることとなる。その後，1991年港湾法が制定され，トラスト港の民営化を促進するための規定が整備され，港湾経営の完全民営化が可能となった。さらに1993年の同法改正により，運輸大臣は民営の港湾経営会社（Harbour

Authority）を指導することができることとなった。例えば，後述するロンドン・ゲートウェイ港（LGW 港）における Harbour Authority の設立及び港湾施設の整備に関する権限は，2008 年の運輸省制定の命令により，民間会社である London Gateway Port Limited に付与されたものである。なお，この会社は，DP World（ドバイに本社を置くグローバル・コンテナターミナル・オペレーター）が実質的に支配する会社である。

以上のように，英国の港湾政策の根幹は，主要港湾の完全民営化であると言っても過言ではない。英国運輸省の役割は何かと問われれば，それは民間会社である Harbour Authority の設立認可，港湾整備事業実施の認可等であると言えよう。つまり，港湾経営は民間会社に任せるが，港湾の重要事項に関する国としての認可権限は引き続き有していることとなる。ただし，ここで問題となるのは，例えば，個々の港湾整備事業認可の判断基準が明示されていないことである。当該整備事業の環境影響評価については，広範かつ多岐な項目にわたる現況評価，影響予測，代替ミティゲーションの検討を行わなくてはならないこととされている。しかしながら，例えば新たなコンテナターミナルの建設が Harbour Authority から申請された場合，英国全体としての基幹コンテナ港湾の配置と規模に関する政府の基本方針が存在しないため，その認可に係る判断基準が曖昧なものとならざるを得ない。言い換えれば，国の貿易にとって重要な基幹コンテナ港湾でさえも，民間会社の経営判断により整備されるべきものであり，公共投資の実施主体あるいは基幹交通インフラの計画主体として，国が関与する必要は全くないとの“サッチャリズム”に立脚していると言える。

3. グローバル・コンテナターミナル・オペレーターと投資ファンド

世界のコンテナターミナルのオペレーター（管理・運営者）は，以下の3つに大きく分類できる。①港湾管理者による直営，②船社の系列の港運会社，③船社と独立した港運会社。わが国の場合は，②と③が多く，①は存在しない。世界的に見ても，①は少なく，その多くは②または③である。1980年代から，世界の複数の主要港湾で大規模なコンテナターミナルを運営するグローバル・コンテナターミナル・オペレーター（以後，GCTOと言う）が出現し始めた。このGCTOは国際的な事業展開を活発化し，Drewryのレポート（Drewry，2017）のデータから計算すると，トップ5社（China COSCO Shipping，Hutchison Ports，APM Terminals（APMT），PSA International，DP World）で全世界のコンテナ貨物取扱量の約52％を占めている。これら5社の内，COSCOとAPMTは船社系，その他の3社は独立した港運会社である。GCTOは，ターミナルの自動化，先進的な情報技術の導入，スケールメリットを生かしたコスト競争力などを背景として，世界の主要コンテナ港湾に積極的に進出している。なお，わが国の三大湾における主要コンテナ港湾においては，GCTOの参画実績はない。しかし，地方港においては，2004（平成16）年に北九州港のひびきコンテナターミナル㈱に，シンガポールを拠点とするPSAが出資した。2007（平成19）年に，ひびきコンテナターミナル㈱は業務を縮小し，資本金を10億円から1千万円に減資したが，出資比率に変更はなく，現時点（2020年12月）でもPSAは最大の34％の出資を継続している。また，2005（平成17）年に，那覇港の那覇国際コンテナターミナル㈱に，フィリピンを拠点とするGCTOの一つであるICTSIが出資したが，10年後に撤退した。

次に，港湾における投資ファンドの役割について概観する。筆者の知る限りでは，港湾の管理・運営に投資ファンドが参画したのは，豪州のコンテナ港湾が世界で最初の事例ではないかと考えている。その後，米国のロサンゼルス港の商船三井のターミナル運営事業にも，カナダの投資ファンドが出資しており，世界的に港湾事業への投資ファンドの参画が目立つようになってきた。ここでは，豪州の事例について以下に詳述する。

豪州の主要港湾であるブリスベーン港，シドニー港，ニューキャッスル港，メルボルン港などの港湾管理者は，かつてはそれぞれの港湾所在の州政府の監督のもとに設立された港湾公社であった。しかしながら，連邦政府及び州政府のインフラ運営民営化政策のもとで，港湾管理運営事業がインフラファンド及び年金ファンドにより，長期にわたり安定した投資運用先として狙われるようになった。また，州政府にとっても一般財源が不足気味であり，必要な道路，都市整備等の公共インフラ整備財源の捻出が非常に困難であった。そこで両者の思惑が一致した結果，主要港湾の港湾管理運営業務が，長期間のコンセッションにより，州政府より民間ファンドに売却されることとなったのではないか，と筆者は推測する。2010 年にブリスベーン港湾会社が 99 年間コンセッションとして，23 億豪ドルで投資ファンドに売却されたのが最初の事例である。次いで，2013 年にシドニー港のコンテナ港湾であるポートボタニーの運営権が，99 年間コンセッションとして 43 億豪ドルで投資ファンドに売却された。さらに，ニューキャッスル港湾局が 2014 年 4 月に 98 年間コンセッションとして 17 億 5 千万豪ドルで売却された。また，2016 年 9 月にメルボルン港の運営権が，50 年間のコンセッションとして，97 億豪ドルでインフラ・年金ファンドに売却された。これらの売却で得た資金で，それぞれの州政府は道路整備や都市整備を行うこととなっている。

筆者はこれらのコンセッションについては，批判的に見ている。コンセッションによる資金収支を州政府の視点から見ると，州政府所有の資産が生み出す今後数十年間の収入を失う代わりに，現金数千億円を現時点で入手することとなる。見方を変えると，港湾の資産を担保として数千億円を借入れ，それを数十年間で返済するのとほぼ同様な資金の流れとなる。ただし，コンセッションが借入れと比較して大きく異なる点は，港湾運営リスクと期待利益が，州政府から民間ファンドに移転することである。繰り返しになるが，州政府側から見るならば，港湾運営リスクと期待利益を放棄する代わりに，確定金額を事前に入手するということが，既設インフラのコンセッションの本質的な意義である。やや厳しい見方をするならば，港湾運営の責任，リスク及び期待利益を放棄して，当座の現金を入手することが目的である。これは，一種の公的責任を果たすべきことも期待されている公共インフラ管理者の取るべき政策ではないと考える。

二つ目の問題点は，コンセッションを受注した民間の運営会社（コンセッショネア）が港湾管理者業務の大半を受け持つこととなるが，実は，港湾管理者としての公共的業務の一部が，州政府港湾局に依然として残されていることである。つまり，コンテナ港湾の管理運営体制が，州政府，コンセッショネア，ターミナルオペレーターの３層構造となっている。この点が，英国と豪州の大きな違いである。英国は権利と責任の分担が単純明快である。豪州の場合は，そうではなく，どうしても，コンセッション契約期間の途中で，契約に明記されていない発生事象に関する権利と責任の明確化に関して，両者の交渉が必要となる。ちなみに，わが国の関西空港のコンセッションも，豪州と同様の形式である。

筆者は，将来何か大きな問題が生じた際の対処責任が曖昧になるのではないかと心配していたが，2018年9月の台風21号による関空の大規模浸水への対処に関して，その心配が現実のものとなった。中途半端なコンセッションを行うくらいなら，英国のように株式を完全に売却して，全ての権利と責任を移転すべきであると考える。

さらに，三つ目の問題点を指摘しておきたい。前述したように，各州政府はコンセッション売却で得た資金で，州内の道路整備や都市整備を行うとしている。結果的には港湾の利益で道路や都市を整備するということである。公共インフラ整備における限られた財源の効率的配分という一つの原則から見れば，道路整備費用等は道路利用者がガソリン税等で負担すべきであり，港湾利用者が負担するのは筋違いではないか，と筆者は考える。

4. コンテナターミナルの自動化

近年世界の主要港湾で急速に普及している自動化コンテナターミナル（**表9-3**参照）について，まず概観する。ターミナル・オペレーションの自動化には，主として四つの目的がある。1点目は人件費の節約である。本章1節で述べたように，世界主要国の港湾労働者の組合は大きな力を有しているため，他産業と比較して労働者の人件費は相当に高い。2点目は労働安全性の向上のためである。港湾の現場は一般的に労働災害発生率が高いので，無人化を進めることによって，当然のことながら労働災害は減少する。3点目は，労働者の職場環境の改善である。クレーンの運転台に乗り込んで作業をするよりも，管理棟の空調の効いた部屋で，遠隔操作で作業をする方が快適である。4点目は，熟練労働者不足である。港湾貨物が増大しても，それを取り扱える技能を有する熟練労働者を雇用することが困難になりつつある。

表9-3　世界のコンテナターミナルの自動化導入状況

○世界のコンテナ取扱個数上位20港のうち，2019年時点で13港（65%）が自動化を導入している状況。
○未導入の港湾はほとんどが中国の港湾であるが，近年，厦門港や上海港（ともに導入済）をはじめ，自動化導入の動きが加速している。
○わが国においては，名古屋港において自働化を導入済み

コンテナ取扱個数上位20港（注1）の大水深コンテナターミナル（水深16m級）における自動化導入状況（注2）

順位（注3）	港名	コンテナ取扱量（万TEU）	ターミナル名	自動化導入状況（2019年時点）		
				本船荷役（注4）	ヤード内荷役	外来シャーシとの受け渡し
1	上海（中国）	4,330	洋山深水港	○	ASC	遠隔
2	シンガポール	3,720	パシルパンジャン	×	OHBC,RMG	遠隔
3	寧波－舟山（中国）	2,754	Ningbo Beilun	×	×	×
4	深圳（中国）	2,577	YICT	×	×	×
5	広州（中国）	2,324	Nansha	×	×	×
6	釜山（韓国）	2,199	BNCT,DPW, 旧韓進，現代	×	ASC,RMG	遠隔
7	青島（中国）	2,101	New Qianwan CT	○	ASC	遠隔
8	香港（中国）	1,830	CT6/7, CT9North	×	RMG,RTG	遠隔
9	天津（中国）	1,730	天津港（集団）有限公司	×	×	×
10	ロングビーチ･ロサンゼルス（米国）	1,700	LBCT, TraPac	○（注5）	ASC	遠隔
11	ロッテルダム（オランダ）	1,481	APMT,RWG, ユーロマックス，Delta	○（注6）	ASC	遠隔
12	ドバイ（アラブ首長国連邦）	1,411	ジュベル・アリ	○	RMG	遠隔
13	ポートケラン（マレーシア）	1,358	ウエストポート	×	×	×
14	アントワープ（ベルギー）	1,186	Antwarp GW ターミナル	×	ASC	遠隔
15	厦門（中国）	1,112	XOGCT	○	RMG	遠隔
16	高雄（台湾）	1,043	EG, KMCT	×	RMG	遠隔（注7）
17	ハンブルグ（ドイツ）	928	CTA, CTB	○（注8）	ASC	遠隔（注8）
18	タンジュンペラパス（マレーシア）	908	PTP ターミナル	×	×	×
19	大連（中国）	876	Dalian Port コンテナターミナル	×	×	×
20	レムチャバン（タイ）	798	D ターミナル	×	RTG	遠隔

（注1）出典：Alphaliner　（注2）国土交通省港湾局調べ　（注3）2019年速報値
（注4）○：一部遠隔操作を含んでおり，全ての作業が完全に自動化しているわけではない
（注5）LBCTのみ　（注6）APMT, RGWのみ　（注7）KMCTのみ　（注8）CTAのみ

出典：国土交通省港湾局（2020）「港湾・海運を取り巻く近年の状況と変化」より

世界のコンテナターミナルのオペレーション技術をリードしているのは，欧州のターミナルオペレーターと欧州の荷役機械メーカーである。

特にフィンランドの荷役機械・システムメーカーであるCargotecグループはコンテナターミナルの自動化やターミナルの情報システムの分野において，世界の最先端を走っていると言っても過言ではない。さらに言えば，港湾を含む海事の世界の最先端をリードしているのはアジアではなく，英国，フィンランド，ドイツ，オランダ，ベルギー，デンマーク等を中心とする欧州である。また，アジアや中東の港湾の発展を支えているのも，欧州の企業・人材であることが多い。

世界で初めてコンテナターミナルに自動化を導入したのは，ロッテルダム港のECTデルタターミナル（1992年供用開始）である。その後，ハンブルク港，アントワープ港，バルセロナ港，ロンドン・ゲートウェイ港等，欧州の多くのターミナルで，自動化が導入された。これらの自動化ターミナルにおいては，日進月歩で新たな技術が導入されている。最も自動化のレベルが進展しているものが，ロッテルダム港マースフラクテ2におけるAPMT（**図9-1**及び**図9-2**参照）である。ここでは岸壁のクレーンも無人で遠隔・自動操作となっている。

なお，欧州及び米国の自動化ターミナルでは，コンテナを岸壁直交に配置する形式が多い。一方，アジアの自動化ターミナルでは，多くの場合，岸壁平行配置方式となっている。日本では，現時点（2020年12月）で，名古屋港飛島コンテナターミナルのみが自動化を導入している。

ここまで，欧州におけるターミナル・オペレーション技術の優位性に関して，説明してきた。しかし，近年中国のコンテナ港湾と荷役機械メーカーの技術が急速に発展してきており，今や欧州と肩を並べている。例えば，青島港，上海洋山港等では世界でも最先端の自動化ターミナルが稼働している。また，中国の荷役機械メーカーは，かつては，欧州のメーカーからの技術導入に頼っていたが，近年では自社による研究開発にも力を入れており，遠隔・自動化クレーンや自動化オペレーショ

（筆者撮影）

図9-1　ロッテルダム港マースフラクテ2におけるAPMT

ロッテルダム港　APM Terminals at Maasvlakte2

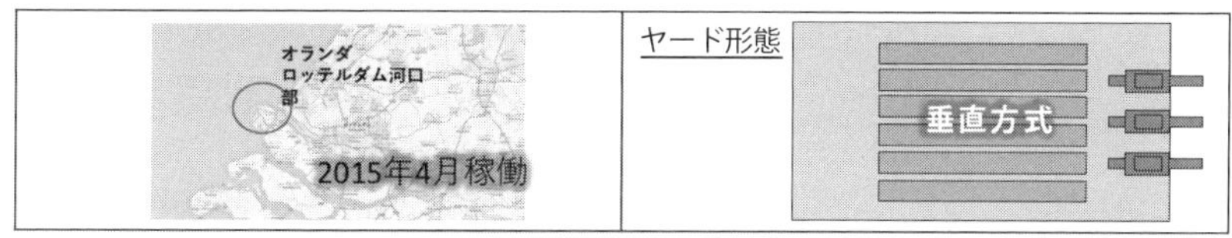

特徴

① 遠隔自動化のダブルトロリ式GCを採用
② STSでの遠隔操作は“コンテナの掴み外し時の操作”でありその他は自動運転される
③ バッテリー式のリフトAGVを採用（排出ガスゼロ）
④ AGVがラック上にコンテナを載せることが可能であり従来のAGVと比較すると25%の効率向上が見込まれる
⑤ 外来シャーシとの受け渡しは遠隔操作（他の作業は自動）

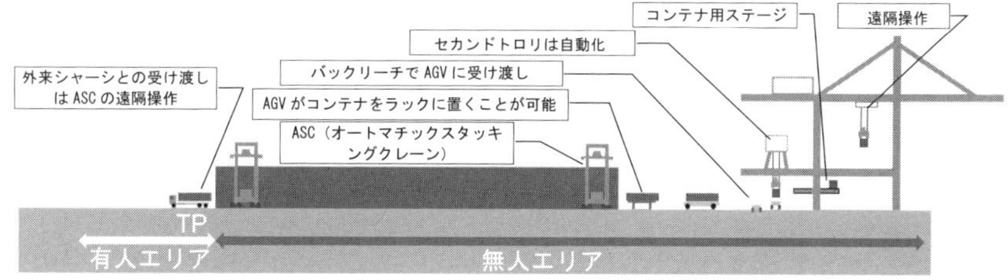

出典：博多港ふ頭㈱作成資料

図9-2　ロッテルダム港マースフラクテ2におけるAPMT

ンシステムの分野にも進出している。

5. 情報通信技術（ICT）の活用

港湾を取り巻く産業と社会における近年の大きな潮流として，挙げられる事象は三つある。一つ目は，情報通信技術（ICT）の活用であり，二つ目は digitization あるいは digitalization であり，三つ目は disruptive technologies（革新的技術）の出現である。情報通信技術の近年の急速な進歩はパソコンの高性能化，小型化，スマホの普及等に顕著に現れており，10 年前にはおよそ想像できなかった ICT の様々な活用が多くの港湾活動にも導入されるようになった。

Digitization は，さまざまなデータを取り扱う際に，紙ベースのアナログデータではなく，コンピューターで処理できるようにデジタルデータ（数値化されたデータ）に変換するものである。Digitalization とは，digitization をさらに一歩進めて，デジタル技術の利用により旧来のビジネスモデルを変換し，新たな利益や付加価値を生み出すことである。

Disruptive technologies という言葉は，この 2，3 年の間に頻繁に使われるようになった。Disruptive とは本来「破壊的な」という意味であるが，disruptive technologies として表現されると，既存の価値基準を打ち砕くような革新的技術，という意味を有するようになった。例えば，時速 1,300 km の超高速輸送システムであるハイパーループ，人工知能（AI），水素エネルギー等がこれに該当する。

世界の主要コンテナ港湾の中で，他に先駆けて ICT を積極的に導入している代表的な事例として，ハンブルク港について説明する。ハンブルク港はエルベ川の河口から約 100 km 遡ったところに立地している河川港であり，その周囲を市街地に囲まれているため，ターミナルの拡張用地がほとんどない。そこで，ハンブルク港湾局は，現在有しているターミナル用地を拡張せずに，コンテナ取扱能力を増大させるために，ICT を港湾のオペレーションに広汎に導入することとした。これをリードしているのが，2008 年からハンブルク港湾局長に就任している Jens Meier 氏である。氏は，もともとコンピューターサイエンスを大学で学び，その後 IT 企業の社長を務めていたが，ハンブルク港湾局から，ICT の活用を積極的に進めていくことをミッションとして招聘され，局長に就任した。

ハンブルク港では，この ICT を活用してオペレーションを改善したハンブルク港を smartPORT と呼び，さまざまな取り組みを進めている。ハンブルク港におけるコンテナトラックの待機時間を調査したところ，トラックの総稼働時間の 70 %は，ターミナルゲート前，駐車場，荷主の工場・倉庫等における待機時間であった。つまり，この 70 %の時間は全く生産性に寄与していない無駄な時間となっていることが判明した。そこで，ハンブルク港湾局は，港湾オペレーションに，“Just in time”方式を導入することとし，極力無駄な待ち時間を削減することとした。また，コンテナターミナルにおけるコンテナの滞留時間を削減することによって，ターミナル面積が同じでも，回転率を上げることによって，ターミナルの取扱能力を増大させる方針を採用した。例えば，コンテナ船の入港時刻，コンテナが降ろされて，引き取り可能となる時刻等を，ICT を活用したシステムを構築して，トラックドライバーに周知することにより，トラックの無駄な待機時間を減らすとともに，コンテナのヤードでの滞留時間を削減することが可能となる。このために，ハンブルク港湾局は，全てのトラックドライバーにタブレットを無償で配布した。このタブレットのアプリにより，コンテナ引き取り可能情報，道路渋滞，駐車場の空き状況等をリアルタイムで可視化することによって，効率的な配車が可能となった。

さらに，コンテナ港湾における統一貨物情報プラットフォームが，近年世界の主要港湾で構築されようになった。上述したハンブルク港の他，ロッテルダム港，シンガポール港，ロサンゼルス港等で，データのセキュリティを確保しつつ，コンテナ貨物情報の可視化を図る取り組みが普及している。ここでは，ロサンゼルス港湾局がGE Transportationと共同で構築した“Port Optimizer”について紹介する。このシステムは主として輸入荷主，海貨業者，フレート・フォワーダー，3PL事業者，コンテナターミナルオペレーター，船社，トラック業者，鉄道事業者，コンテナシャーシ提供会社を対象とした情報プラットフォームである。例えばコンテナを引き取るトラック業者は，個別のコンテナ情報（通関の有無，ヤードでのロケーション，引き取り可能時刻等）をリアルタイムで確認することができる。さらに，コンテナ船から降ろされる予定のコンテナのサイズ別，ドライ・リーファー別に，トラックで引き取られる個数と，鉄道に積まれる個数を事前に把握することができる。また，個別のターミナルでのゲート前待機時間及びゲートイン・アウトに要した時間の統計値も詳細に分析することが可能である。

6. 日本が誇るターミナル・オペレーションの技術

ここまでは，主として欧米の先進技術について概観してきた。それでは，コンテナターミナルのオペレーションにおいて，わが国が自信を持って，世界に誇ることのできる技術は何であろうか？　一つ目は，岸壁クレーンの免震技術である。これは，わが国のメーカーが世界の最先端を走っており，他国の追随を許していない。

二つ目は，港湾労働者の優秀な技能である。言い換えれば，わが国のコンテナ港湾は，優秀な熟練労働者の技能力と調整能力で持っていると言っても過言ではない。某船社幹部によれば，“釜山港に向かっているコンテナ船の甲板積コンテナが大時化のために荷崩れを起こすと，横浜港に臨時寄港する。”とのことである。つまり，横浜港の港湾労働者は，傾いたコンテナを岸壁クレーンで吊り上げる熟練技術を有している。このように，港湾労働者があまりに優秀過ぎるために，自動化が進展しないと言うこともできよう。横浜港 MC1・2 ターミナルでは，岸壁クレーンの 1 時間当たり取扱量が 48 本，1 船当たりの 1 時間取扱量が 186 本であり，ともに世界最高レベルである。但し，このターミナルは自動化ターミナルではなく，人力によるオペレーションである。日本の港湾労働者は非常に優秀で熟練度が高い。そのため，オートメーションよりも，人力の方が遥かに効率がよい。従って，日本のコンテナ港湾では，自動化がほとんど導入されていない。なお，日本で唯一の自動化ターミナルである名古屋港飛島ターミナルの社長は，トヨタ自動車（株）の出身である。

7. 地球規模の環境対策

2018 年 4 月に国際海事機関（IMO）は，国際海運における二酸化炭素などの温室効果ガス（GHG）排出量削減に関して，非常に大胆な目標を設定した。それは，2050 年までに 2008 年時点に比して 50 % 以上削減し，さらに 2100 年までにはゼロにする目標である。これを達成するための対策候補としては，新造船の燃費規制の強化，船舶オペレーションの効率化の他，低炭素燃料やゼロ炭素燃料の導入が真剣に検討されている。

一方，世界の港湾管理者の団体である IAPH は，従来より IMO と連携・協力してさまざまな施策や提言を打ち出しており，この脱炭素化の取り組みに関しても，いくつかの効果的な施策とメカニズムを構築している。さらに，ロサンゼルス（LA）港，ロングビーチ（LB）港，ハンブルク港などの世界の先進港湾においては，積極的な取り組みが進められている。本章においては，港湾における脱炭素化に向けてのIAPHの主要施策とLA/LB港の取り組みの事例をご紹介する。

IAPHの脱炭素化への取り組みとして代表的なものは，ESIプログラムの普及，LNGバンカリングの推進と船舶運航の最適化プログラムである。ここでは，紙面の関係でESIについて説明する。ESIはEnvironmental Ship Index（環境船舶指数）の略称であり，この取り組みは2011年から開始された。ESIは，IMOによる船舶排出ガス基準よりも優れた環境性能を有する船舶をIAPHのデータベースに登録し，その環境性能に応じて算定されるESIポイントの値に応じて，このプログラムに参加する世界の港湾管理者が，当該船舶から徴収する入港料等を減免するものである。つまり，港湾管理者として，船舶のオーナーまたはオペレーターに対して，環境性能を改善するためのインセンティブを与える制度である。ESIポイントの算定には，船舶のNO_X，SO_X及びGHGの排出量を用いている。2020年10月時点で，8,485隻の船舶が登録しており，入港料等を減免する港湾管理者は58団体となっている。なお，入港料等の減免額は，それぞれの港湾管理者が自ら定めている。

次に，LA/LB港の取り組みについて説明する。ロサンゼルス港は2018年のコンテナ取扱量が946万TEUで全米第1位であり，世界第17位である。隣接するロングビーチ港は809万TEUで全米第2位である。この二つの港湾をまとめて一つのコンテナ港湾と考えると，1,755万TEUとなり，日本全国の外貿コンテナ貨物量と遜色のない取扱量となっている。両港を併せた港湾区域のエリアの面積は，大阪港の港湾区域の面積とほぼ同じである。つまり，大阪港のエリアで，日本全国のコンテナを集中して取り扱っていることとなる。このことは，非常に狭いエリアに数多くの船舶が入港し，膨大な数のトラックが集中し，数多くの荷役機械・車両が稼働して，大量の大気汚染物質とGHGを排出していることを意味する。

このような状況に鑑み，当該地域における総合的な大気汚染対策として，Clean Air Action Plan（CAAP）が2006年に両港共同で策定された。2005年の大気汚染状況を基準値として，NOx，SOx，DPM（ディーゼル粒子状物質）の大胆な排出量削減目標を設定した。その結果，**図9-3**に示すように，2023年に達成すべき目標値を2018年ですでに全て達成している。2005年から2018年までの間でコンテナ貨物量は26％増大しているにもかかわらず，汚染物質の排出量は大幅に削減されている。GHGについては，目標値は設定されていないが，結果として，10％の減少になったことは大いに称賛されるべきである。このような排出量削減を可能としたのは，両港湾当局による広汎な分野に亘るさま

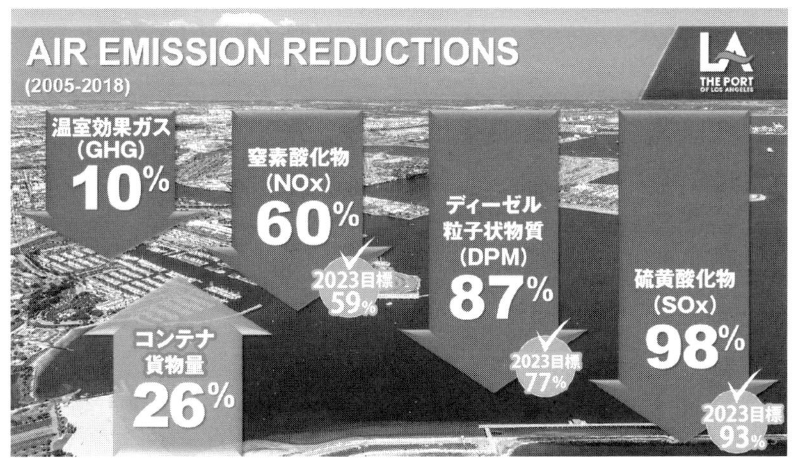

出典：LA港湾局資料

図9-3　CAAPの目標値とその達成状況

ざまな排出ガス規制強化であった。

2017年には，CAAPの改訂を行い，さらに規制を強化して大胆な目標を設定した。港湾及び関連活動によって発生する大気汚染物質の削減，ゼロエミッションへの投資，物流サプライチェーンの効率化，エネルギー資源管理に関していくつかの戦略を提示した。その内，主なものを以下に列挙する（森本政司，2018）。

①燃料効率が悪く排出ガス規制の緩い旧式のトラックを段階的に減らすために，クリーントラックプログラムを推進。2035年でのゼロエミッショントラック導入に向けて，2020年よりニアゼロエミッショントラック（CNGやLNGを燃料とするトラック）を導入。

②ターミナルオペレーターに対し，新規に荷役機器を調達する場合，可能な限りゼロエミッションまたはニアゼロエミッションの機器導入を要請。

③荷役中の船舶からのさらなる排出ガス削減を進めるため，全ての老朽船の入港を禁止。

④オンドックレールの使用率を高めて，トラックの利用台数をさらに削減。

①のクリーントラックプログラムに関しては，将来のゼロエミッショントラックとして，ダイムラー，ボルボやテスラが開発中のバッテリートラックの他，トヨタなどが開発を進めている水素を用いる燃料電池トラックなどが挙げられる。また，トヨタは，コンテナ運搬用の燃料電池コンテナトラクター（**図9-4**）の試作品を2019年11月に製造して，LB港でお披露目を行った。

世界の先進港湾においては，ここで紹介した事例の他にも数多くの脱炭素化への取り組みが積極的に推進されている。わが国においても，政府の方針として，2050年までに，温室効果ガスの排出を全体としてゼ

出典：https://pressroom.toyota.com/toyota-and-fenix-demonstrate-first-hydrogen-fuel-cell-electric-utr/

図9-4　トヨタが開発した燃料電池コンテナトラクター

ロにする，すなわちカーボンニュートラルの実現を目指すことが，2020年10月に宣言されたところである。IAPH副会長を務めている筆者としては，わが国港湾の主要なステークホルダーである，国及び自治体の関係部局と港運・流通・工場等の港湾で活動している各企業に対して，脱炭素化を目指す地球環境保全に向けて，さらに積極的な取り組みを期待したい。

《学習のヒント》

1．世界の港湾管理運営体制の違いについての考えをまとめてみよう。
2．港湾ターミナルの自動化が進展すると，優秀な港湾技能労働者の雇用削減が発生するが，この問題についてどう考えるか？
3．港湾におけるさらなる地球環境改善方策として，どのような施策が考えられるか？

引用文献

1．川崎芳一他（2015）『コンテナ港湾の運営と競争』成山堂書店
2．井上岳・赤倉康寛（2011）『英国港湾の計画・管理運営法制』国土技術政策総合研究所資料 No.629
3．Drewry（2017）『Global Container Terminal Operators – 2017』Drewry
4．国土交通省港湾局（2020）『国際コンテナ戦略港湾政策推進 WG 資料（2020 年 8 月 19 日開催）』国土交通省港湾局
5．森本政司（2018）『ロサンゼルス，ロングビーチ港の環境対策』港湾荷役 63 巻 3 号，一般社団法人港湾荷役機械システム協会

参考文献

1．篠原正治（2018）『世界コンテナターミナル見聞録』公益社団法人大阪港振興協会
2．Clean Air Action Plan ウェブサイト https://cleanairactionplan.org/　最終閲覧 2020 年 11 月 20 日

10　国際物流（1）～コンテナ船の発達と国際物流～

恩田登志夫

《目標＆ポイント》 1950年代，米国で考案された海上コンテナ輸送は，70年代初頭までのわずか十数年の間に，世界の定期船航路を瞬く間にコンテナ化させただけでなく，コンテナ船の就航による定曜日サービス(Weekly Service)や‘door to door’輸送により在庫の削減，貿易取引手続きの簡素化などによるコスト削減と輸送リードタイムの短縮をもたらし，その後の国際物流の発展に大きく寄与した。

本章では，コンテナリゼーションが国際物流の発展に寄与した経緯と国際複合運送の現状について理解する。

《キーワード》 物流，ロジスティクス，サプライチェーン，コンテナリゼーション，複合運送

1．国際物流とは何か

我々が日常，何不自由なく豊かな生活が送れているのは国際物流があるからである。我々が着ている衣料品の97%，食料品の60%（カロリーベース）は海外からの輸入である。また，ネット通販などで購入した商品が我々の手元に届くのは物流があるからである。

ところで，四方を海に囲まれているわが国の輸出入貨物の輸送は，「海上輸送」と「航空輸送」に限られているが，輸送量の99.7%は海上輸送で，航空輸送はわずか0.3%にすぎない。ただし，貿易金額でみれば，海上輸送は70～75%，航空輸送は25～30%で，高価品が航空輸送

されていることがわかる。

さらに，企業のグローバル化により，昨今経営戦略の一環として，物流がロジスティクスからサプライチェーン・マネジメント（Supply Chain Management：SCM）へと進化するにつれ，これらの重要性がますます高まっている。

では，物流，ロジスティクス，SCMとは何であろうか。

まず，物流（Physical Distribution）とは，**図10-1**からも明らかなように，「生産者から小売店・消費者などの需要者に至る製品の販売領域における空間的・時間的隔たりを克服することで製品に価値を付加する一連の物理的な経済活動のことで，輸送（配送），保管，包装，荷役（にやく），流通加工，情報活動から構成」されている（時には「在庫管理」を加えて，7要素とする場合もある）。

物流活動は，製品の生産者と消費者間の時間的隔たりを埋める「保管」と空間（場所）的隔たりを埋める「輸送（配送）」が主で，残りの包装，流通加工（検針・検品・ラベル貼り・値札付け・仕分けなど），荷役（保管と輸送の物理的補助機能），そして，これらを管理するのが情報活動で，物流効率化とは製品に関するコスト削減及び機能ごとの効率化を図ることが主な目的となっている。

物流には「国内物流」と「国際物流」があるが，2国間以上にまたがって行われる物流（輸送，通関などの各種手続き）が国際物流である。国内物流と国際物流の最大の相違点は「通関行為の有無」ということができる。

次に，ロジスティクスとは，「原材料の調達から仕掛品，半製品，製品までのすべての物資の移動及びその取り扱いを企業経営全体の立場から戦略的に検討すること」である。すなわち，物流が主に販売領域にある製品の輸送・保管・包装などの機能ごとの効率化を図るのに対して，

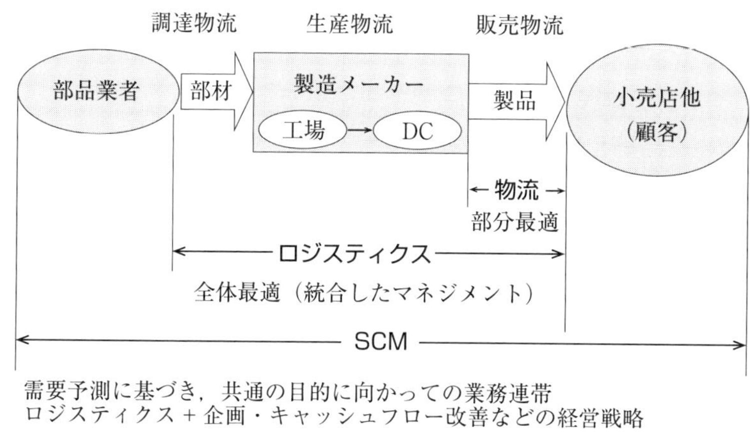

（筆者作成）

図10-1　物流・ロジスティクス・SCMの違い

ロジスティクスは顧客の要請（ニーズ）に基づいて，原材料の調達，生産，保管，販売，情報などの流れ全体をシステム的に統合管理（マネジメント）することである。

これに対して，SCMとは，「市場の需要動向に基づく製品の企画や販売促進などマーケティングに力点をおいて，製品の企画，開発，設計，原材料の調達，製造，販売，物流などに関する供給連鎖（サプライチェーン）上にある関連企業が収益や市場シェアの拡大を図るために，情報を共有化して，過剰在庫の発生や欠品による販売機会損失を極小に抑え，キャッシュフロー効果を高めることでサプライチェーン全体の管理・効率化を図る企業間連鎖のこと」である。（図10-1）

2. コンテナリゼーションとは何か

(1) コンテナ輸送のメリット

市場の成熟化とプロダクト（製品）・ライフサイクルの短小化が続き，企業のグローバル化が深化する中で，いま荷主企業が国際物流事業者に求めていることは，「受注，生産，物流，市場投入までのリードタイムの短縮」と「ロジスティクスコストの削減」であるが，国際物流を大きく発展させた要因の一つに「コンテナリゼーション」がある。コンテナリゼーションとは，「標準化された容器（コンテナ）を利用して，形や大きさの異なる貨物を輸送する方法のこと」である。

ところで，ISO（International Standard Organization：国際標準化機構）によると，海上コンテナとは次のような容器のことである。

①長期間，反復使用に耐えうる十分な強度を有していること。
②輸送途中でコンテナ内部の貨物の詰め替えをしなくても，各輸送モード（要するに鉄道・船・トラックなど）にまたがって貨物が輸送できるように特別に設計されていること。
③ひとつの輸送機関から，他の輸送機関への積み替えを容易にする装置を備えていること。
④貨物の詰め込み（バンニング）及び取り出し（デバンニング）が容易であるように設計されていること。
⑤容積が1 m^3 以上であること。

コンテナ輸送は，当時の海上輸送のライバルであった米国東海岸の鉄道輸送に対抗するため，1950年代半ば，当時米国の船会社であったシーランド社のマルコム・マックリーンによって考案された。さらに，荷送人の戸前から荷受人の戸前（door to door）までのコンテナによる一貫輸送は，国際輸送に次のような影響を与えた。

①海・陸の複合輸送を利用した，荷送人の戸前であるdoor（工場や倉庫など）から荷受人の戸前であるdoor（工場や倉庫など）までの一貫輸送によるコスト削減。
②貨物をコンテナに詰めて輸送することによる個々の貨物の梱包費の削減。
③貨物の裸状態のハンドリング回数が減少し，積み替えなどもコンテナのまま行われるため，貨物の損傷・破損及び盗難事故の減少。
④輸送途上での温度・湿度などを考慮し，貨物に応じたコンテナの利用による最適・良好な貨物状態の保持。
⑤貨物の損傷及び破損の減少による保険料率の低減。
⑥国境や海・陸の結節点での書類手続きの簡素化及びこれらに伴う費用の削減。
⑦コンテナを使った大量一括輸送による内陸輸送費の削減。
⑧輸送期間の短縮，本船の定曜日サービスによる在庫費用及び金利の軽減など。

ところで，コンテナ船が就航する以前の在来船時代の本船荷役（にやく）（貨物の積み下ろし）は，沖仲士（おきなかし）と呼ばれる港湾労働者と本船デリック（クレーン）に頼った荷役であった。例えば，輸入貨物の荷役方法は，沖のブイに停泊している本船から本船クレーンを使って「はしけ（艀）」に貨物を降ろし，はしけからは陸上に設置されたクレーンを使って岸壁に陸揚げし，後背地の上屋（うわや）（倉庫）に貨物は搬入され，そこで保管された。そのため，風雨の強い日には作業がストップし，本船の停泊も長時間にわたっていた。

当時の在来船の荷役では，15～20数人の沖仲士によって編成された

表10-1　在来船航路とコンテナ船航路の比較

	在来船航路（1956年当時）	コンテナ船航路（1968年当時）
配船頻度	毎月末	毎週
航海速力	15ノット	22.6ノット
寄港地	門司・神戸・名古屋・清水・横浜・室蘭・ロングビーチ・サンフランシスコ・サンディエゴ・ロングビーチ・サンフランシスコ	神戸・名古屋・東京・ロサンゼルス・オークランド
航海日数	80日ラウンド（航海35日・停泊45日）	30日ラウンド（航海23日・停泊7日）
所要時間	神戸/サンフランシスコ間　14日	東京/ロサンゼルス間　9日

「ギャング」と呼ばれるチームが1度のクレーンで荷揚げできる重量は5〜8トン，1時間当たりの荷役作業量は約30トンであったが，コンテナ船では，ガントリークレーンのオペレーターを中心に編成された10〜12人のギャングによって，1時間で30本以上（約600トン以上）のコンテナ荷役が可能となっている。

また，コンテナ船は在来船と比較して寄港地も少なく，速力も23〜24ノットと早いために航海時間が短縮され，定期船に求められている定時性・定期性・安全性・確実性の面で，飛躍的な改善をもたらした。ちなみに，日本最初の新造フルコンテナ船である「箱根丸」が就航した1968年当時の北米西岸（PSW）航路における在来船とコンテナ船の航海日数，寄港地，速力などを比較すると，**表10-1**の通りである。

（2）コンテナの種類

現在，輸送される貨物の性質，輸送途上の温湿度変化，バン詰め時・バン出し時などの荷役効率などを考慮して様々な種類のコンテナが用意されているが，その代表的なコンテナは下記の通りである（**図 10-2**）。

①ドライ・コンテナ（Dry Container）

温度調節を必要としない一般貨物の輸送用に使われている密閉型で，最も汎用性に富み，普及しているコンテナである。

現在，海上輸送で最も普及しているのは，20 フィートコンテナと 40 フィートコンテナである。

	* H x W x L	* 積載可能容量	* G/W	* Pay Load
・20' コンテナ	8'6" x 8' x 20'	33.1 m^3	24,000 kg	22,210 kg
・40' コンテナ	8'6" x 8' x 40'	67.3 m^3	30,480 kg	27,610 kg
・40' コンテナ (High Cube Container)	9'6" x 8' x 40'	76.0 m^3	30,480 kg	27,480 kg

※Pay Loadとは，コンテナの自重を除いた貨物積載可能重量のことである。
最近の20' コンテナのG / Wとして，30,480kgのものもある。

高さ 9 フィート 6 インチの High Cube Container は走行時の高さが 4.1 m となり，わが国の道路交通法の高さ制限 3.8 m に抵触するため，あらかじめ国・県・市町村などによって承認された道路以外は走行できない。また，2005 年に ISO が標準規格として追加認証した 45 フィートコンテナ（高さ 9'6" x 幅 8' x 長さ 45'；積載可能容量 85.6 m^3）についても，日本では，道路交通法の長さ制限 16.5 m に抵触するため，「45 フィートコンテナ物流特区」として認定されている宮城県（2011 年 3 月）と宮崎県（2013 年 3 月），「みえグリーン物流産業振興特区」に認定されている三重県（2013 年 7 月）を除いて，国内走行できない。

②冷凍コンテナ（Refrigerated Container または Reefer Container）

冷凍コンテナは冷凍ユニットが内装されており，+25 ℃～-25 ℃（コンテナによって違いがある）までの温度調節が可能で，肉，野菜，果実，魚介類などの生鮮食品，薬品，化学品などの輸送に用いられている。

＊　＊　＊　＊

	H x W x L	積載可能容量	G/W	Pay Load
・20' コンテナ	8'6" x 8' x 20'	27.8 m^3	24,000 kg	21,250 kg
・40' コンテナ	8'6" x 8' x 40'	57.7 m^3	30,480 kg	26,380 kg
・40' コンテナ	9'6" x 8' x 40'	66.9 m^3	30,480 kg	25,880 kg

③オープン・トップ・コンテナ（Open Top Container）

ドライ・コンテナの天井板がない形のコンテナで，天井及び戸口部からの積み下ろしが可能なため，機械，板ガラスなど，クレーンを使って荷役する重量物貨物や嵩高（かさたか）貨物の積み込みに適している。荷役終了後は天井に幌骨をセットし，防水シートなどで天井を覆い輸送される。

④フラット・ラック・コンテナ（Flat Rack Container）

ドライ・コンテナから天井板及び四周の側板を取り除いた床と四隅の角柱のみのコンテナで，フォークリフトやクレーンなどを使って貨物の積み下ろしが可能なことから，鋼材，木材，パイプなどの長尺物，重量物機械や嵩高貨物の輸送に適している。

⑤フラット・ベッド・コンテナ（Flat Bed Container）

ドライ・コンテナから側板・天井板を取り除き，床面だけのコンテナである。大型機械や鋼材等重量物を輸送する際に使用する。具体例として，鉄道車両をコンテナ船で輸送する場合に使用される。

⑥タンク・コンテナ（Tank Container）

化学品などの液体貨物を輸送するためのタンクを備えつけたコンテナで，構造的に一般液体用，危険物用，高圧ガス用，劇物用などがある。

1）ドライ・コンテナ

2）冷凍コンテナ

3）オープン・トップ・コンテナ

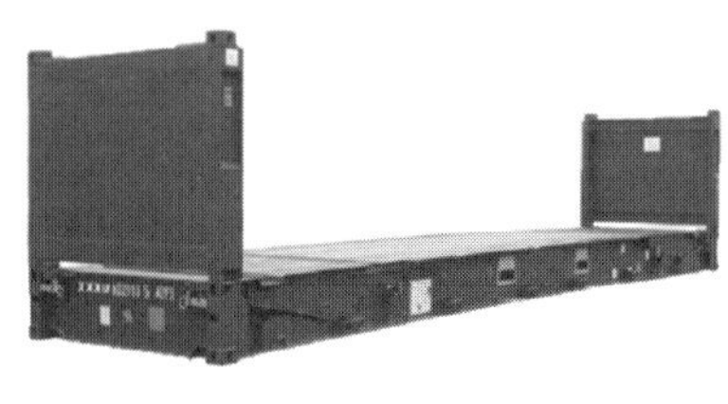

4）フラット・ラック・コンテナ

5）フラット・ベッド・コンテナ

6）タンク・コンテナ

図10-2　コンテナの種類

〔写真提供：2）3）4）オーシャン ネットワーク エクスプレス ジャパン㈱，5）㈱商船三井，1）6）ユニフォトプレス〕

3. コンテナリゼーションが国際物流に与えた影響

(1) 船会社（コンテナ船運航者）に与えた影響

コンテナリゼーションが，コンテナ船運航者である船会社に与えた影響は次の通りである。

<メリット>

①ガントリークレーンを使ってコンテナ船への揚げ積みの作業を行うことで，少人数での荷役が可能となり，荷役費用の低減や港湾労働力不足による滞船などが解消されたこと。

②船舶の大型化，スピード化及び雨中での荷役も可能となり，本船の荷役時間及び本船の停泊時間の短縮による稼働率が向上したこと。

③貨物の積み替えが迅速かつ容易になったこと。

④正確な運航スケジュールに基づき，所要船腹量が節減されたこと。

⑤正確かつ迅速な荷役が可能となり，接続する陸上輸送諸機関の稼働率が向上したこと。

⑥貨物の損傷・破損及び盗難が減少したこと。

<デメリット>

①参入障壁の低下／コンテナ輸送が開始された当初は，高価なコンテナ船，ターミナル施設，コンテナ関連機器などへの巨額な投資が必要であったことから，多額の資金調達ができる大手船会社だけに門戸が開かれていた。しかし，用船による船隊整備，公共バースやリース・コンテナの利用，北米の鉄道会社が運航するダブル・スタック・トレイン（DST）の利用，他船社の船腹を利用するスペース・チャーターやアライアンス（共同運航）の利用などで，コンテナ輸送への参入障壁が低くなった。そこで，海技などのノウハウを有していない新興国の船会社でもコンテナ船を運航することが可能となり，船会社間の

蒐荷競争が激化し，運賃競争の原因となった。

さらに同盟船社と盟外船社によるスペース・チャーターやアライアンスが生まれたことで，船会社のサービス面での差別化が難しくなる（特に同盟崩壊以降）一方で，伝統的な船会社が持つ貨物の積み付け・運航などの海技に関するノウハウが船会社選択時の要件ではなくなった結果，船員の人件費などに関して，コスト競争力に勝る発展途上国の船会社の台頭を招いた。

②船会社のコスト負担増 / コンテナ輸送では，船会社が無償でコンテナを荷主に貸し出すため，船会社は常時，空コンテナを最寄りのコンテナヤード（Container Yard：CY）やコンテナデポ（Container Depot：CD）に配置しておく必要がある。その結果，適正規模のCYの整備と確保，コンテナの保管，空コンテナの回送，コンテナのメンテナンス，コンテナのインベントリー（世界に散ったコンテナの在庫情報管理システムを含む）の費用，コンテナターミナルの管理・運営費用などが在来船の場合と比較して，船会社のエキストラ・コストとして発生した。さらに，自社のコンテナが適正に配置できない場合には，コンテナ・リース業者からのコンテナ賃借費用も船会社の負担となる。

また，日本国内だけでなく，海外の寄港地におけるターミナルの確保や，CY・CFS（Container Freight Station）の建設，空コンテナの保管施設，ストラドルキャリアなどCYでのコンテナの搬送機器の購入，冷凍用電源プラグ，コンテナのメンテナンス・ショップ等のターミナル関連施設の整備費用などが，コンテナリゼーションでは不可欠な投資費用として船会社の新たな負担となっている。

（2）荷主に与えた影響

コンテナリゼーションの発展は，従来の荷主（製造業者や流通業者など）にとって単にモノを目的地まで“運ぶ”以外余り重要ではなかった輸送を，生産拠点の多角化，SCM の構築，物流コストの削減，市場動向の変化への的確な対応，JIT（Just in time：必要な時に，必要な場所で，必要なモノを，必要な量だけ提供すること）などの企業の生産戦略を構築する上で不可欠な存在になった。なぜなら，コンテナ船の定曜日サービスによって，在庫の削減，輸送日数の短縮などが可能となったためである。さらに，最近の家電業界などでは，製品の企画段階でコンテナのディメンション（寸法）に合わせて製品の梱包サイズを規格化することで，物流コストの削減を図っている。したがって，生産の効率化，輸送期間の短縮による金利負担の軽減，在庫削減を前提にした部品のJIT 輸送などに対応していくためにも，安定した船腹・配船・運賃などの管理や提供，運航体制の整備が船会社に求められている。

4. 国際複合運送とフレート・フォワーダー

（1）フレート・フォワーダーと国際物流

1960 年～70 年代のコンテナリゼーションの発展は，それまで国内で倉庫・輸送・港湾・通関業務などに専従してきた多くの物流事業者や港間（port to port）のサービスのみを提供してきた船会社に業態変化をもたらした。

国内の運送取扱人（フレート・フォワーダー）であった物流事業者が自ら国際複合運送証券（Combined Transport B/L 他）を発行し，NVOCC（Non-vessel Operating Common Carrier：利用運送事業者）として，日本発着貨物を対象にした door to door の国際複合一貫輸送やコンソリデーション（consolidation：混載）などを主宰し，国際物流の分野に進出するようになった。

2003 年 4 月 1 日から施行されている貨物利用運送事業法によると，

NVOCCとは，自ら輸送手段を所有・運行はしていないが，実運送人（船会社他）のサービスを利用しながら貨物を運送し，荷主から対価として運賃を収受し，荷主に対し運送責任を追う事業者のことで，単一運送の利用運送事業者である第一種貨物利用運送事業は国土交通大臣への「登録制」，海・陸などの2種以上の異なった輸送手段を使ってdoor to doorサービスを提供している第二種の利用運送事業者は「許可制」となっている。

（2）国際複合運送とは何か

国際複合運送とは，「A国のX地点からB国のY地点までの運送に際して，2種以上の異なる運送手段（船舶とトラックなど）によって行われる物品運送のこと」である。したがって，国際複合運送の要件は，①海・陸・空の2種以上の異なった輸送手段を利用すること，②単一の運送契約に基づくこと，③2国間の物品の輸送であること，である。

国際複合運送の特徴は，door to doorの一貫輸送において，安全性，迅速性，合理性，確実性，経済性などに優れていることである。すなわち，複合運送では1人の複合運送人（Combined Transport Operator：CTO）と契約するだけで容易にdoor to door輸送が可能となるだけでなく，従来荷送人が輸送手段ごとに行っていた各運送人との運送契約の締結，物品の積み替え，運送途上での保管，通関手続きなどについても各荷役業者や倉庫業者及び通関業者等との個別交渉・手配などに関する事務の煩雑さから開放された。そのうえ貨物のトレーシング，物流コストの削減，リードタイムの短縮などが可能となったことから，グローバル・ロジスティクスやグローバルSCMが大いに発展した。

なお，現在使われている主な国際複合運送ルートとしては，米国内陸向け，米国東岸向け，欧州内陸向け，中国内陸向けなど様々なルートが

ルート名	ルート	所要日数	開設時期
1　欧州向けルート			
シベリア・ランドブリッジ（SLB）	日本 —船舶→ ボストチヌイ —鉄道→ ロシア国境 —鉄道, トラック, 船舶→ 欧州・中近東	33～35日（フランクフルト向け）	1971年
アメリカ・ランドブリッジ（ALB）	日本 —船舶→ 米国西岸 —鉄道→ 米国東部 —船舶→ 欧州	35日（フランクフルト向け）	1972年
北米西岸経由　SEA/AIR	日本 —船舶→ 北米西岸 —(鉄道, 航空)→（モントリオール）—航空→ 欧州・中南米	13～14日（フランクフルト向け）	1962年頃
ロシア経由　SEA/AIR	日本 —船舶→ ボストチヌイ —トレーラー→ ウラジオストク —航空→ モスクワ —航空→ 欧州	13日（フランクフルト向け）	1958年
東南アジア経由　SEA/AIR	日本 —船舶→ 香港，バンコク，シンガポール —航空→ 欧州	10～13日（フランクフルト向け）	1982年頃
欧州航路経由一貫輸送	日本 —船舶→ 欧州諸港 —鉄道, トラック 他→ 欧州	30～35日（フランクフルト向け）	1971年
2　北米向けルート			
ミニ・ランドブリッジ（MLB）	日本 —船舶→ 米国西岸 —鉄道→ 米国東岸，ガルフ地区	16日（ニューヨーク向け）	1972年
インテリア・ポイント・インターモーダル（IPI）	日本 —船舶→ 米国西岸 —鉄道, トラック→ 米国内陸地域	14日（シカゴ向け）	1980年
リバースド・インテリア・ポイント・インターモーダル（RIPI）	日本 —船舶→ 米国東岸 —トラック→ 米国内陸地域	25日（シカゴ向け）	1980年
日米一貫輸送　SEA/TRUCK	日本 —船舶→ 米国西岸 —トラック→ 米国各地	18日（クリーブランド向け）	1971年
韓国経由　SEA/AIR	青島 —フェリー→ 仁川 —航空→ 米国内陸地域（欧州向けもある）	5～7日（シカゴ向け）	2002年
3　東南アジアルート			
日韓輸送	日本（下関・博多）—フェリー→ 釜山 —トラック, 鉄道→ 韓国内陸地域 ※JR の5トンコンテナによる輸送が可能	2～4日（ソウル向け）	1972年
日中間輸送	日本 —船舶→ 上海・青島・天津新港他 —鉄道, トラック, 内航船→ 中国内陸地域	6～7日（北京向け）	1980年
	日本 —船舶→ 香港 —トラック→ 中国内陸地域	7～8日（香港向け）	1980年代
	日本 —フェリー→ 上海 —トラック, 内航船→ 中国内陸地域 （博多／上海間のルートでは JR の5トンコンテナによる輸送が可能）	4～8日（蘇州向け）	2003年
シンガポール経由マレーシア	日本 —船舶→ シンガポール —トラック→ マレーシア内陸地域	8～10日（ジョホール向け）	1980年代後半

注：ルートごとの所要日数は，参考数字である。
　　国際複合輸送ルートは，上記の他に中南米向け，豪州向け，アフリカ向けルートなどがある。
（筆者作成）

表10-2　主な国際複合運送ルート

あるが，主なルートは**表 10-2** の通りである。

（3）国際複合運送の主要ルートとその特徴

①欧州向けルート

欧州向けの国際複合運送は，わが国からコンテナ船で欧州の各港まで輸送し，内陸向けにトラック，鉄道，内陸水運に接続するのが一般的である。しかし，欧州向けの国際複合運送では，海上輸送とは異なり，鉄道輸送によりロシアを経由して，欧州へ向かうシベリア・ランド・ブリッジ（SLB）がある。

このルートは，1971 年にスタートして以来，欧州航路の海上輸送に対抗するルートとして発展し，1983 年のピーク時には，110,683TEU の輸送実績を記録している。輸送実績が増加した要因は，欧州向け海上運賃より安く，また海運同盟の制約を受けないため，荷主が利用しやすいからである。しかしながら，1990 年代にソ連邦の崩壊により SLB 運賃の高騰に伴い，わが国の荷主は，再び海上輸送ルートを志向している。

その結果，現在では SLB を利用する欧州向けルートは，ほとんど利用されていない。

②北米向けルート

北米向けとは米国，カナダ，メキシコを含むが，国際物流における北米向け貨物は，米国向けが中心である。また**表 10-3** に示したように，米国内輸送には様々な輸送形態があるが，基本的には鉄道輸送とトラック輸送が中心である。

北米向けルートには，西岸ルートと東岸ルートがある。代表的な西岸ルートは，わが国からコンテナ船で米国西岸まで輸送し，鉄道輸送に接続し，北米東岸まで運ぶミニ・ランド・ブリッジ（MLB）と北

表10-3　米国内の輸送手段別分担率（単位：百万トン・マイル）

	1993	1997	2002	2007	2012
トラック輸送	629	741	960	1,056	1,051
トラック輸送＋鉄道輸送	38	56	46	197	170
鉄道輸送	943	1,023	1,262	1,344	1,211
鉄道輸送＋内航水運	70	78	115	47	29
内航水運	272	262	283	157	193
内航水運＋トラック輸送	41	35	32	98	49

出所：国際フレイトフォワーダーズ協会（2017）『国際複合輸送業務の手引き』第9版

米西岸から鉄道・トラックにより内陸部まで輸送するインテリア・ポイント・インターモーダル（IPI）である。

また北米東岸ルートでは，わが国からコンテナ船で北米東岸まで輸送し，トラックで米国内陸部まで運ぶリバースド・インテリア・ポイント・インターモーダル（RIPI）がある。

③東南アジアルート

わが国を起点とする国際複合運送は，2001年に米国を抜き，中国がわが国の最大相手国である。とくに近年増加しているのが日中間輸送である。このルートは，わが国の港から上海，青島，天津，香港等を経由し，鉄道，トラック，内航船を利用することにより，中国国内のあらゆる都市・地域に輸送している。

最近の日中間輸送の特徴は，鉄道輸送の利便性が向上していることである。中国の鉄道総延長が，2005年の7万5,000 km（世界第4位）から，2015年には12万1,000 km（世界第2位）になり，さらに複線化率は34％から53％に，電化率も27％から61％に拡大している。

（4）国際複合運送と複合運送人の責任

全区間を通じて単一運送人の管理下により貨物を運送した場合，その運送人が責任を負う。しかし国際複合運送では，最初の運送人が運送証券を発行し，全区間の運送を引き受けて運送責任を負うが，全区間のうち，その一部または全区間を他の複合運送人に下請運送をさせる場合がある。その際，複合運送人の責任は，どのようになるのかが論点である。国際複合運送における複合運送人の責任の取り方には，以下の三つがある。

①統一責任制

統一責任制とは，全区間において各運送人が同一の責任を取る方法である。複合運送人側は，各区間の責任の取り方が実質的には異なり，同一の責任の取り方ではリスクがあると考え，この方法を採用することには消極的である。

②ネットワーク責任制

ネットワーク責任制とは，各運送手段の責任の規定（強制法）により複合運送人が責任を取る方法である。海上輸送はヘーグ・ウィズビー・ルール，航空輸送はモントリオール条約，陸上輸送では道路による貨物の国際運送契約に関する（CMR）条約や国際鉄道物品運送（CIM）条約により複合運送人の責任として規定があり，その規定にしたがい責任を負う方法である。

それぞれの輸送による賠償責任額は以下のとおりである。

・海上輸送……1包または1単位当たり666.67SDRまたは滅失・損傷した物品の総重量の1kgあたり2SDRに相当する金額のうち，いずれか高い金額を超えて責任を負わない。

・航空輸送……運送人の賠償責任額は，貨物1キログラムあたり19SDR。
・陸上輸送……CMR条約の運送人の賠償責任額は，貨物1キログラム8.33SDR。
CIM条約の運送人の賠償責任額は，貨物1キログラム17SDR。
ただし，わが国ではCMR・CIM条約を批准していない。

SDRとは，国際通貨基金で定められた特別引出権のことをいい，日本経済新聞の夕刊に前日の相場が掲載されている。

③責任分担制

責任分担制とは，運送人から下請輸送を引き受けた複合運送人が，荷主に対して責任をとる方法である。荷主は，運送人と下請運送人の運送契約の内容がわかりづらく，この方法には消極的である。

上記の三つから，複合運送人の責任は，②のネットワーク責任制が主流である。

《学習のヒント》

1．国際物流の円滑化を支えている要因の一つに海上コンテナ輸送があるが，コンテナの登場が我々の生活にどのような影響を与えたのか考えてみよう。

2．国際複合運送における複合運送人の責任として，どうしても責任の所在がわからない場合には，どのように判断するのか考えてみよう。

参考文献

池田龍彦，原田順子（2016）『海からみた産業と日本』放送大学教育振興会
和久田佳宏編（2018）『国際輸送ハンドブック 2019 年版』オーシャンコマース
鈴木暁編（2017）『国際物流の理論と実務（6 訂版）』成山堂書店

本章のうち，第 1 節から第 4 節（2）までは，2016 年度版『海からみた産業と日本』（2018 年 1 月刊・第 3 刷）の第 9 章を，原著者の石原伸志先生のご承諾をいただき原文のまま掲載させていただきました。

11 国際物流（2）～国際物流と通関業務～

恩田登志夫

《目標＆ポイント》 通関業務は，貨物を輸出や輸入する輸出入者に代わり，通関業者が通関手続きを代理・代行している（個人で通関することも可能）。この手続きは，国家資格である通関士により通関書類の審査が行われるほど，専門性が求められる業務でもある。

本章の目標は，長年にわたり大きな変革がないまま継続されてきた通関手続きが，AEO制度の導入により，大幅に変更され，多様な扱いが行われるようになった。このことから，制度変更に沿って説明するため，通関の実務的な概要を理解することができる。なお，輸出入通関手続きは，書面による方法も可能であるが，実務に対応するためにオンライン・システムを前提にする。

《キーワード》 通関手続き，AEO制度，保税地域，保税制度，関税

1．通関手続きと通関業者の業務内容

通関手続きとは，関税法やその他関税に関する法令に基づき，関税の確定や納付に関する手続きを申請し，許可または承認を受けるまでの一連の手続きである。通常，輸出入手続きは，通関業者に依頼するのが一般的であるが，通関手続きの必要がない場合がある。

それは郵便による商品価格が20万円以下の輸出と課税価格が20万以下の輸入品は，輸出入申告が不要である。課税価格とは，輸入貨物の場合，関税が課せられるが，関税額の算出の根拠となる価格を課税標準と

いい，課税標準となる価格を課税価格という。

通関業者は，依頼人の代理・代行として通関業務を行うことで，以下の手続きに必要な書類を作成することである。

通関業者の業務には，「通関業務」と「関連業務」に分けられる。

（1）通関業務

①通関手続きの代理

依頼人の代理として，輸出入申告書を作成し，税関に提出することにより輸出許可，輸入許可を受ける手続き。

②不服申立ての代理

税関長に対して，税関が決定した内容に不満がある場合，依頼人の代理として再考を求める手続き。

③主張，陳述の代行

税関は，輸出入申告書の記載事項を確認する場合，審査と貨物検査を実施するが，通関業者は必要に応じて審査や貨物検査に立ち会い，処分の内容について依頼者の代行として主張，陳述。

（2）関連業務

①事前教示の照会

②外国貨物仮陸揚届

③見本一時持出許可申請

④保税運送申告

⑤他所蔵置許可申請等がある。

なお，通関業者は通関業法により，原則としてその通関業務を行う営業所ごとに通関士を置かなければならない。

2. 通関手続きのオンライン化

国際貿易における通関手続きや関税の納付手続きは，インターネット環境をもつ輸出入・港湾関連情報処理システム（Nippon Automated Cargo and Port Consolidated System：以下，NACCSとする）により，オンライン処理が可能である。またNACCSは，税関，船会社，海貨業者，通関業者，倉庫会社，銀行等を結び，効率的に処理することができるため，利用率が高く，輸出入申請件数ベースで99％になる（2018年5月のNACCS協議会資料）。ちなみに，このシステムを運営・管理するのは，輸出入・港湾関連情報処理センター㈱である。

なお海貨業者とは，港湾地域において沿岸荷役等を行うことができる事業者のことで，通関業者として通関手続きを行うことができる。

＜NACCSによる輸出入申告の概要＞

NACCSによる輸出入申告の手順は，以下のように申告事項の登録から，通関士による申告内容の確認，そして税関による受理・審査・許可である。

①申告事項登録

通関業者は輸出入申告を行う際，必要事項を入力し，送信することにより申告事項がNACCS内に登録される。

②輸出入申告

通関士は事項登録内容を確認後，さらに必要事項を入力し送信すると，NACCS内に輸出入申告（一般的に「本申告」と呼ばれる）として登録される。

③申告の受理・審査・許可

図11-1のように，申告情報は，NACCS内に登録されると税関に

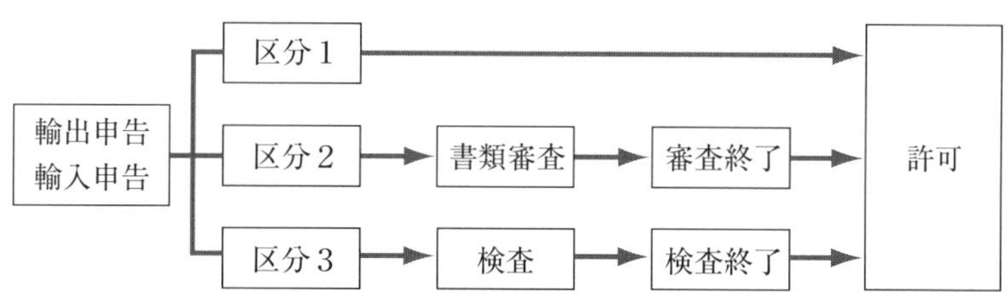

出所：『第9版国際複合輸送業務の手引き』p.246から一部筆者修正

図11-1　NACCSによる申告から許可

輸出入申告が受理されたとみなされ，三つの区分に分類される。区分1は「簡易審査扱い」，区分2は「書類審査扱い」，区分3は「検査扱い」である。

区分1の場合，輸出入申告は許可され，通関業者に「許可通知情報」が配信される。区分2，区分3の場合，輸出入申告は許可されず，税関による審査・検査扱いとなる。通関業者は，通関書類（インボイス等）をNACCS経由で税関に提出し，審査・検査が行われる。特に区分3の場合には，X線検査または現物検査が行われる。現物検査の場合には，通関士または通関業者の立ち合いが必要になる。審査・検査の結果，問題がなければ，輸出申告は輸出許可となり，輸入申告は，関税等の納税後に輸入許可となる。

3. AEO（Authorized Economic Operator）制度の導入

AEOとは，法令遵守（コンプライアンス）と貨物の安全（セキュリティ）管理の基準を満たす輸出者，輸入者，製造業者，通関業者，倉庫業者，運送者に対して，税関手続きの審査・検査が軽減されるメリットを与える制度である。この制度を取得する事業者には，自国内の通関手続きと他国の通関手続きの審査・検査が軽減されるメリット（相互承認）を享受することができる。また，AEO を取得することにより，社会的信用の高い事業者として評価されている。一方，この制度のメリットは，AEO 事業者だけではなく，税関も享受することができる。AEO 事業者が増加すれば，輸出入貨物の書類審査や貨物検査は減少し，AEO 制度の未取得事業者に対する輸出入申告の審査や検査に集中することができるからである。

（1）AEO 制度を創設した経緯

AEO 制度が成立した発端は，2001 年 9 月 11 日に米国内で発生した同時多発テロ事件である。米国政府は，この事件を契機として，米国に輸入される貨物を徹底的に管理し，税関・産業界パートナーシップ（Customs-Trade Partnership Against Terrorism：C-TPAT）の仕組みを構築した。2006 年に税関の国際機関である世界税関機構（World Customs Organization：WCO）は，米国のこの仕組みを参考にして，AEO の基本的概念である「国際貿易の安全確保および円滑化のための基準の枠組み」と AEO 要件と便益等を解説した「AEO ガイドライン」を採択した。2008 年 1 月に EU が導入し，2009 年 7 月にわが国でも AEO 制度の導入が始まったのである。

（2）わが国の AEO 制度

我が国の AEO 制度は，以下の 6 種類があり，2020 年 12 月 10 日現在の AEO 事業者数は，714 者（税関のホームページ参照）である。また，おもな認定要件は，以下のとおりである。

（セキュリティ管理の確保）

・物理的セキュリティ：入退場の導線管理等

・人的セキュリティ：内部からの不正の防止と外部からの不正侵入等の防止
・情報セキュリティ：顧客情報，貨物情報等の管理

（法令遵守体制の整備）

・反社会的勢力との関係排除
・過去の一定期間内に関税法等の規定に違反して刑に処せられていないこと。
・税関手続きや貨物管理等，輸出業務を適正に遂行する能力を有しており，NACCSによる申告ができること，
・法令を遵守するための規則（CP：コンプライアンスプログラム）を定めていること。

①輸出者を対象にした「特定輸出者制度」

貨物のセキュリティ管理と法令遵守の体制が整備された輸出者は，貨物を保税地域に搬入することなく，自社の倉庫や輸送中でも輸出申告を行い，輸出許可を受けることができる。また輸出入官署自由化（本章の4節（2）を参照）により，何れの税関官署に輸出申告することができ，税関による審査・検査も軽減される。

2020年12月10日現在の特定輸出者制度の事業者数は232者である。

②輸入者を対象にした「特例輸入者制度」

貨物のセキュリティ管理と法令遵守の体制が整備された輸入者は，貨物を保税地域に搬入することなく輸入申告を行い，輸入許可を受けることができる。また，輸出入官署自由化により，何れの税関官署に輸入申告することができ，税関による審査・検査も軽減される。

2020年12月10日現在の特例輸入者制度の事業者数は100者で

ある。

③倉庫事業者を対象とした「特定保税承認者制度」

貨物のセキュリティ管理と法令遵守の体制が整備された保税蔵置場等の特定保税承認者は，税関長へ届け出ることにより保税蔵置場を設置することが可能になり，届出をした蔵置場に係る許可手数料が免除になる。

2020 年 12 月 10 日現在の特定保税承認者制度の事業者数は 143 者である。

④通関業者を対象とした「認定通関業者制度」

貨物のセキュリティ管理と法令遵守の体制が整備された認定通関業者は，輸入者の委託を受けた貨物の納税申告は，引き取り後に行うことができる（特例委託輸入制度)。また輸出者の委託を受けた貨物は，保税地域以外の場所からでも輸出申告を行い，輸出の許可を受けることができる（特例委託輸出制度)。また輸出入官署自由化により，何れの税関官署に輸出申告することができる。

2020 年 12 月 10 日現在の認定通関業者制度の事業者数は 230 者である。

⑤運送業者を対象とした「特定保税運送者制度」

貨物のセキュリティ管理と法令遵守の体制が整備された保税蔵置場等の認定通関業者，特定保税承認者，国際運送貨物取扱業者は，個々の保税運送の承認が不要となるほか，輸出者の委託を受けて保税地域以外の場所から港・空港まで運送を行うことができる。なお，上記④の「特例委託輸出制度」を利用するためには，貨物の輸送に際し，セキュリティ確保を目的として，この特定保税運送者が行う条件となっている。

2020 年 12 月 10 日現在の特定保税運送者制度の事業者数は 9 者で

ある。

⑥製造者を対象とした認定製造者制度

貨物のセキュリティ管理と法令遵守の体制が整備された製造者が製造した貨物は，当該製造者以外の輸出者が行う輸出通関手続きを，保税地域に搬入する前に行うことができる。

2020年12月10日現在の認定製造者制度の事業者数は0者である。

この制度の事業者数が0者である要因は，製造者自らが輸出者になることが多く，この制度の取得者が少ないと言える。

（3）相互承認

AEO制度における相互承認とは，AEO制度を導入している二国間において，自国内AEO取得事業者の通関結果を相手国の税関でも尊重さ

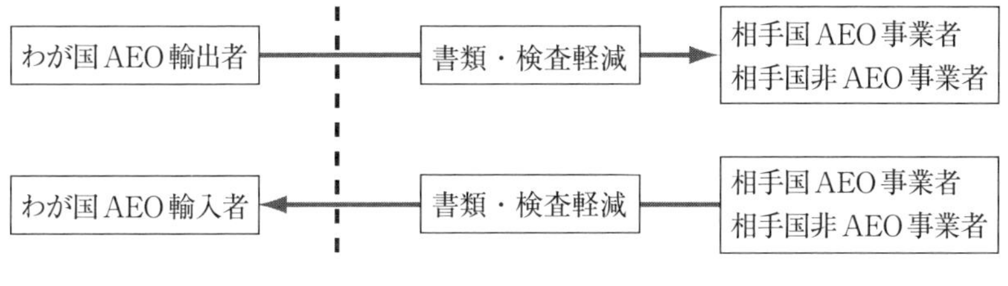

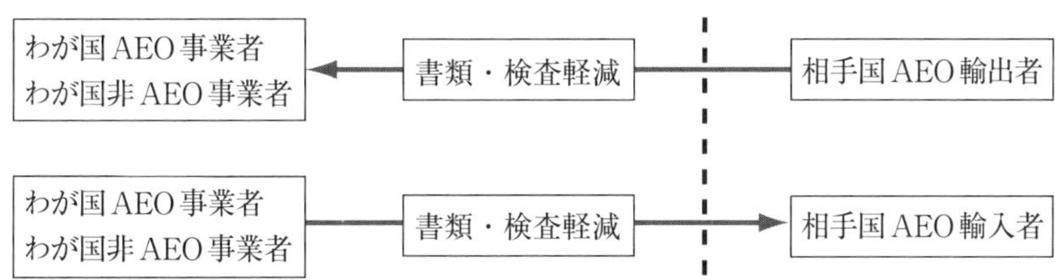

出所：税関のホームページより，https：//www.customs.go.jp/zeikan/seido/kaizen.htm

図11-2　AEO制度の相互承認の概要

れ，リスク評価に反映されることをいう。**図 11-2** に示したように，わが国の AEO 事業者は，自国の通関結果が相手国の通関手続きでも反映される。そして相手国の AEO 事業者でも，相手国の通関結果が自国の通関手続きでも反映されることになる。この相互承認制度の導入の効果は，二国間にわたる国際物流のセキュリティの向上につながり，シームレスな国際物流の進展が期待される。

世界で相互承認の締結数は，WCO の 2019 年版によると 75 件である。わが国が締結する相互承認は，以下のとおりである。

2008 年 5 月　日本―ニュージーランド，2009 年 6 月　日本―米国
2010 年 6 月　日本―カナダ，2010 年 6 月　日本― EU
2011 年 5 月　日本―韓国，2011 年 6 月　日本―シンガポール
2014 年 6 月　日本―マレーシア，2016 年 8 月　日本―香港
2018 年 10 月　日本―中国，2018 年 11 月　日本―香港
2019 年 6 月　日本―豪州，2020 年 12 月　日本―英国

4. 保税地域

図 11-3 に示したように保税地域とは，輸出の場合には，輸出許可が下り，船舶への積込みを控えている貨物を蔵置する地域であり，輸入では，外国から到着した貨物で，輸入の許可や関税の納付が済んでいない貨物を蔵置する地域である。この保税地域内には，輸出入貨物の審査や検査を行うため，税関が常駐している場所でもある。保税地域の多くは，港湾地域に位置しているが，内陸地域に保税地域として設置されている例もあり，これを「インランドデポ，もしくはインランドポート」と呼ばれている。この保税地域の概念が，「保税搬入原則」の見直し，「輸出入申告官署の自由化」により大きく変わることになるが，まずこれらの説明を行い，最後に保税地域の種類を紹介する。

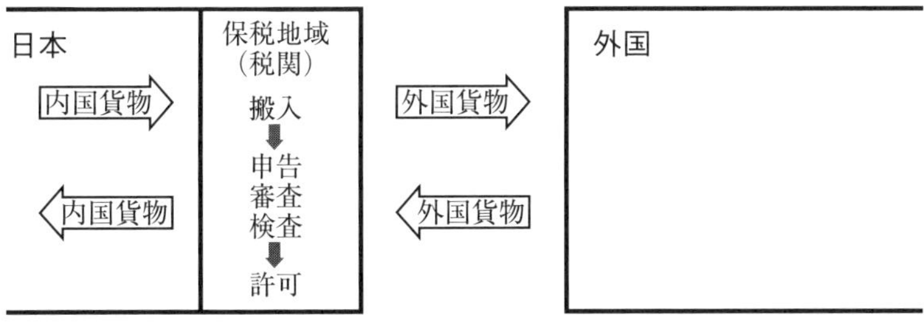

（筆者作成）

図11-3　地域の概要

（1）保税搬入原則の見直し

2011年10月1日から「保税搬入原則」の見直しが行われ，保税地域の概念が大きく変わった。従来の輸出申告の考え方は，保税地域に搬入することが前提であったが，保税地域搬入前でも輸出申告することが可能になった。ただし，輸出許可は，対象貨物が保税地域に搬入することが原則である。

（2）輸出入申告官署の自由化

2017年，輸出入申告官署の自由化が行われた。関税法67条の2第一項にある「輸出入申告は，原則として貨物の蔵置官署にて行わなければならない」という原則をAEO事業者（輸出入者，通関業者）に限り，何れの税関官署でも輸出入申告を可能にしたのである。従来の原則では，輸出入申告から許可に至る手続きを，書類の審査や貨物の検査を蔵置官署の職員が行うことから，輸出入申告に疑義がある際，即座に対応できるメリットがあった。しかしAEO事業者（輸出入，通関業者）は，税関長が承認または認定した事業者でもあることから，通関業務に支障をきたさないと判断し，この原則を緩和したのである。

(3) 保税地域の種類

①指定保税地域

図 11-4 に示したように指定保税地域は，港または空港にある国，地方公共団体などが管理する土地や建築物などで，財務大臣が保税地域として指定した場所である。外国貨物の積卸し，運搬，一時蔵置，内容点検，改装，仕分け等をすることができる。また税関長の許可を受ければ，見本の展示，簡単な加工等も行うことができる。蔵置期間は，公共施設のため，原則として1ヵ月以内である。

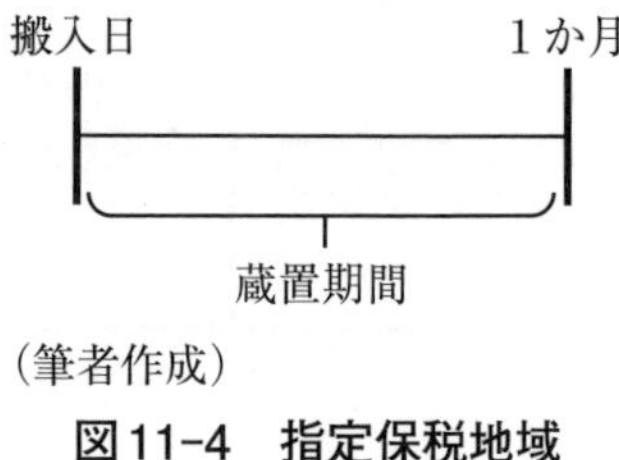

(筆者作成)

図11-4　指定保税地域

②保税蔵置場

図 11-5 に示したように保税蔵置場は，外国貨物を保税の状態で原則として3ヵ月間，承認を受けると2年間まで蔵置できる場所である。この場所を許可するのは税関長である。この保税蔵置場では，輸入貨物を関税保留のまま滞貨し，市況が好転するのを待って輸入するケース，仲介貿易などの場合の輸出や積み戻し等に利用されている。

③保税工場

図 11-6 に示したように保税工場は，外国貨物の加工，輸入した原

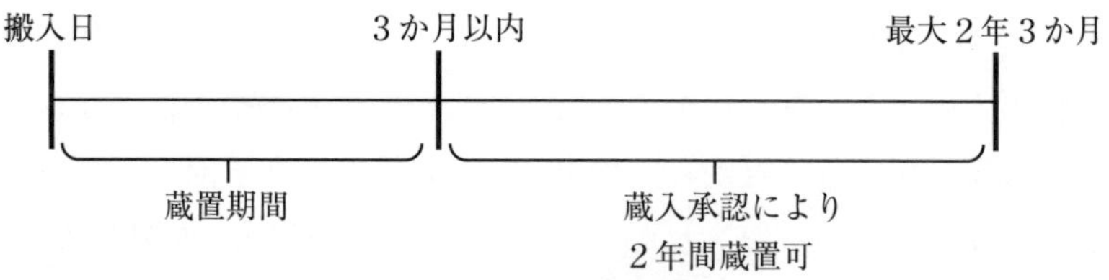

(筆者作成)

図11-5　保税蔵置場

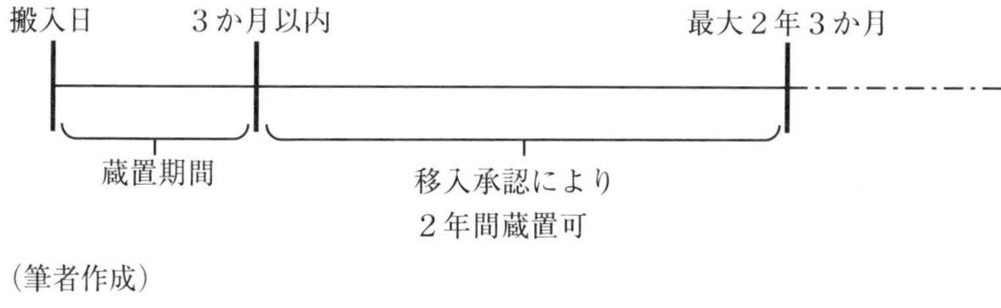

（筆者作成）

図11-6　保税工場

材料を関税保留の状態で生産加工できる工場で，税関長が許可した場所である。委託加工貿易に利用されている。民間の工場でも税関長の許可があれば指定することができる。貨物の蔵置期間は，原則2年だが，必要に応じて延長が認められている。

④保税展示場

保税展示場は，国際博覧会や見本市などのために関税や消費税を免除のまま外国貨物の積卸し，手入れ，蔵置，展示できる場所として，税関長が許可した地域である。

⑤総合保税地域

総合保税地域は，上記の①から④を併せ持った地域として，税関長が許可した場所である。貨物の蔵置期間は原則2年間である。

5. 輸出通関の流れ

輸出貨物を通関するためには，以下のように輸出申告を行い，輸出許可を受けることができる。

（1）輸出申告場所と申告官署の原則と例外

①原則

2011 年の「保税搬入原則」の見直しにより，保税地域搬入前でも輸出申告することができるようになった。しかし輸出許可は，従来通り保税地域への搬入後である。

②例外

以下のおもな条件に該当する場合，対象貨物を保税地域に搬入せずに，輸出申告をすることができる。

・AEO 事業者（輸出者，通関業者）が輸出申告する場合は，何れの税関官署への申告が可能である。

・巨大重量物等で保税地域に搬入が困難である貨物は，事前に税関長の許可（他所蔵置許可）を受ければ，外国貿易船等に積み込まれた状態のまま（本船扱い等），輸出申告し，輸出許可を受けることができる。

（2）輸出申告

輸出申告は，輸出者に代わり通関業者が，NACCS を利用し行う。

輸出申告に登録するおもな事項は，以下のとおりである。

①貨物の記号，番号，品名，数量および価格

②貨物の仕向地ならびに仕向人の住所，氏名または名称

③貨物を積み込む船舶の名称または登録記号

④輸出者の住所，氏名または名称

⑤輸出統計品目番号

NACCS による申告の場合は，「輸出申告控」を出力し，通関士または通関業務従事者によりチェックを行い，通関士が最終確認を行い，税関に対し本申告として送信する。

（3）輸出許可

輸出許可は，区分1の場合，貨物が保税地域に搬入されれば許可されるが，区分2と区分3の場合，「輸出申告控」と実際の貨物との同一性が審査され，税関検査も行われる。税関の審査・検査に問題がなければ，税関長より輸出許可される。NACCSでは，輸出許可されると「輸出許可通知書」が送信される。

＜貨物の積込み＞

輸出通関の許可がドりると，船積書類と貨物を運送業者に引き渡し，積込みと運送（保税運送）を依頼する。運送完了後，海運会社またはフレート・フォワーダーから船荷証券等を受領する。

6. 輸入通関の流れ

輸入貨物を通関するためには，以下のように輸入申告を行い，必要な審査や検査を受け，関税・消費税の納付が確認されると輸入許可を受けることができる。

（1）輸入申告場所と申告官署の原則と例外

①原則

輸入申告を行う場合，当該貨物を保税地域に搬入後に行うことが規定され，申告官署は，申告する貨物を蔵置する保税地域等の所在地を管轄する税関官署である。

②例外

以下のおもな条件に該当する場合，対象貨物を保税地域に搬入せずに，輸入申告をすることができる。

・AEO事業者（輸入者，通関業者）が輸入申告する場合，何れの税関官署への申告が可能である。

・保税地域等への搬入が困難である場合は，事前に税関長の承認を受ければ，外国貿易船等に積込んだまま，輸入申告し，許可を受けることができる。

・輸入貨物の特性により，本邦に迅速に引渡さなければならないと認められる場合，NACCSの利用を条件として，輸入申告し，許可を受けることができる。

(2) 輸入申告

輸入申告は，輸入者に代わり通関業者が，NACCSを利用し輸入申告を行う。

輸入申告に記載すべきおもな事項は，以下のとおりである。

・貨物の記号，番号，品名，数量および価格

・貨物の原産地および積出地，仕出人の住所，氏名

・貨物を積んでいた船舶の名称または登録番号，貨物の蔵置場所等

・輸入者の住所，氏名

・HSコード

NACCSによる申告の場合は，「輸入（納税）申告控」を出力し，通関士または通関業務従事者によりチェックを行い，通関士の最終確認の後，税関に対し本申告として送信する。

(3) 関税等の納付

関税は，輸入者に代わり通関業者が納税額を算出して納税申告をし，税関が確認すれば納税額が確定する。この納税額の直納も可能だが，NACCS内に設定されている通関業者もしくは輸入者の納税専用口座から，自動的に関税等を日本銀行に振り替え納税する方式が一般的であ

る。ただし，特例輸入申告制度の場合には，輸入許可日の翌月末までに納税申告し，納税することができる。

特例輸入申告制度とは，AEO 事業者（特例輸入者）が行うことができる輸入申告である。輸入申告と納税申告を分離し，また，貨物が到着前に輸入申告を行い，輸入許可を受けることができる。

（4）輸入許可

輸入貨物は，保税地域内に搬入後，輸入申告を行い，関税等の納付を確認できれば輸入許可となる。ただし，特例輸入申告制度の場合は，例外となる（詳細は，上記（3）の特例輸入申告制度を参照）

7. 関税

関税（Customs Duty）とは，輸入される物品に課す税金である。この関税を課すことで国内産業を保護することが目的の一つでもある。

（1）輸入貨物に課される関税額の確定方式

①申告納税方式

申告納税方式とは，以下の②を除き，納付する税額または納付の必要がないことを納税者が申告する方式である。

②賦課課税方式

賦課課税方式とは，納付すべき税額を税関長により確定する方式である。この方式が適用されるのは，課税価格が20万円以下の郵便物や入国者の携帯品，別送品等がある。

（2）課税標準

課税標準とは，関税の計算の基礎のことである。具体的には，輸入品の価格と数量とする場合がある。前者の価格をベースに計算したのを従価税といい，後者の数量をベースに計算したのを従量税という。これらを合わせたのを混合税という。ほとんどの貨物は，従価税が適用され，砂糖，石炭，大豆等は従量税が適用されている。

関税額の基本的な考え方は，以下のとおりである。

関税額＝課税標準（従価税の場合には, CIF 価格）×税率　である。

なお，CIF 価格とは，商品価格に輸入港までの運賃，保険料を含めた価格である。

《学習のヒント》

1．通関の目的を考えてみよう。
2．通関手続きの原則は，どのような内容であるのか考えてみよう。
3．AEO 制度の導入により，通関手続きが緩和された内容を考えてみよう。

参考文献

石川雅啓（2016）『実践貿易実務』JETRO
JIFFA 教育委員会（2017）『第 9 版国際複合輸送業務の手引き』JIFFA

12　国際物流（3）～国際物流とフォワーダー～

恩田登志夫

《目標＆ポイント》 グローバル経済が進展している現在，多くの物が世界中を駆け巡っている。我々が手にする製品のラベルに記載してある製造国や原産国を確認すると，わが国以外の国名が記載されていることに気付くであろう。さらに原材料や部品等の仕入国まで掘り下げれば，気が遠くなるほど，多くの国や地域が関与し，世界中を網の目のように国際物流の導線が張り巡られている。この導線を電線に置き換えてみれば，電線から電力を安定的に自宅に送電するには，変圧器の役割が重要であることはご存知であろう。すなわち，国際物流において変圧器の役割を果たすのが国際物流事業者である。しかしながら，業界内では，国際物流事業者のことをフレート・フォワーダー（Freight Forwarder:以下，フォワーダーとする）と呼ぶことが一般的であるが，一部にはNVOCC（Non Vessel Operating Common Carrier：利用運送事業者）という言葉を使用する場合もあり，理解しづらいのが現状である。

本章の目標は，フォワーダーとNVOCCの誕生した経緯から進化・発展している現状について理解することである。

《キーワード》 フレート・フォワーダー，NVOCC，利用運送，サードパーティロジスティクス

1. フォワーダーとは

（1）フォワーダーの定義

フォワーダーとは，他人の需要に応じて，国際物品運送の利用運送，

取次，代弁ならびにこれらに付帯する業務を行う業である。ここでいう「利用運送」，「取次」，「代弁」について説明すると，以下のようである。

「利用運送」とは，運送事業者の運送を利用して行う貨物の運送のことである。

「取次」とは，荷主の費用負担により運送事業者と運送契約を締結することである。

「代弁」とは，運送事業者と運送契約を代理締結する事業である。

(2) フォワーダーが発祥した経緯と業務

フォワーダーの発祥は欧州であり，13 世紀には活動していたようである。欧州では，多くの国々が存在し，交流が盛んであったことから，国ごとに異なる租税制度や物流の専門的知識を持つフォワーダーの存在が不可欠のものとして，進化・発展し，現在まで引き継がれている。これは現在でも同じことがいえる。荷主が外国に貨物を輸出する場合，通関手続きや輸送手配を自ら行うには専門的知識が多く，フォワーダーを利用する場合が多い。それは，国ごとに関税制度が異なり，輸送手段の選択も多岐にわたることから，多くの情報を持つフォワーダーを活用した方が合理的だからである。

フォワーダーには，基本的な業務と付帯的業務がある。まず基本的業務では，利用運送業，運送取扱業の二つがある。

①利用運送業とは

利用運送業とは，自らが運送手段を運航（または運行）しないが，荷主の需要に応じて，実運送人が行う運送サービスを利用して貨物運送を行い，荷主から運賃を収受し，荷主に対し運送責任を負う事業である。

②運送取扱業とは

運送取扱業は，取次業と代弁（代理）業からなる。

取扱業とは，荷主の需要に応じ，自己の名をもって，荷主の費用負担により運送事業者と運送契約を締結する事業を指す。

代弁（代理）業とは，荷主の名において，運送事業者と運送契約を代理締結する事業である。

次にフォワーダーの付帯的業務は，以下のとおりである。

1）書類の作成
2）輸送ルートの調整とスペースの手配
3）貨物の混載，仕分け機能
4）集配機能
5）通関機能
6）保管・在庫管理機能
7）流通加工機能
8）梱包機能
9）情報処理機能
10）その他の機能（保険代理業務等）

＜フォワーダーの機能＞

フォワーダーは，荷主に対して，以下の機能を提供することができる。

①輸送ルートの情報提供

フォワーダーは，多くの海運会社と航空会社のスペースを使用し，ビジネスを行うため，さまざまな情報を入手ことができる。これは荷主からみれば，フォワーダーの優位性である。例えば，海上輸送では，各船社により海上運賃は異なる。

②ドア・ツー・ドアの物流サービスの提供

荷主は，自らの倉庫で貨物をフォワーダーに引渡せば，荷受人の指定した場所までの輸送手配や通関手続きの一切を引き受けることができる。

2. NVOCCとは

NVOCCとは，1984年米国海事法において米国発着の海上貨物輸送に従事する外航利用運送事業者のことである。具体的には，自らは船舶を運航せず，船舶を運航する海運会社に対して荷主となるが，荷主に対しては運送人（海運会社）に成り代わり運賃を収受し，貨物の運送責任を負うことである。

＜NVOCCの誕生した経緯＞

NVOCCは，1984年米国海事法の改正によりNVOCCの存在が認知され，初めて定義された。同法第3条17項では，「海上輸送を行う船舶を運航せず，Ocean Common Carrier（海運会社）との関係においては，荷主になるCommon Carrier（公共運送人）のことをいう。」

1984年米国海事法改正は，米国政府が進める規制緩和政策の一環であり，競争を促進する手段として，船会社以外にNVOCC（利用運送事業者）による国際物流ビジネスの門戸を広げたのである。

＜NVOCCの業務＞

NVOCCの業務は，1998年米国改正海事法による定められている。

NVOCC業務は，以下のとおりである。

・Vessel Operating Common Carrier（海運会社）から運送サービスの購入と当該サービスを他の者への再販

・港から港への輸送，または複合輸送に係る諸料金の支払い

・荷主と海上貨物運送契約の締結
・船荷証券またはその他の運送書類の発行
・通し運送の内陸輸送手配と内陸運賃・料金の支払い
・海上貨物フォワーダーに対する適法な支払い
・コンテナのリース等

すなわち，NVOCCは，米国発着の海上貨物輸送に関係する外航利用運送事業者のことであり，広く一般的にはフォワーダーとして理解することが妥当的である。したがって，以後はフォワーダーとして統一する。

3. わが国の外航海運における利用運送の考え方

2003年4月，1989年に制定された貨物運送取扱事業法を貨物利用運送事業法に改定した。この改定した理由は，効率的な物流システムであるドア・ツー・ドアのサービスを進展させるために，国際物流事業者に法的根拠を与えたものである。具体的には，従来の貨物運送取扱事業法では，利用運送事業への参入には運輸大臣（現在，国土交通大臣）の許可を得る必要があったが，この改定により，第一種利用運送事業者は登録制となり，第二種貨物利用運送事業者は許可制としたのである。2018年12月4日現在，第一種貨物利用運送事業者数は646事業者，第二種貨物利用運送事業者数は442事業者であり，第一種貨物利用運送事業者の方が多い。

（1）第一種貨物利用運送事業

図12-1に示したように第一種貨物利用運送事業は，トラックの利用運送および集配を伴わない海運・航空・鉄道の利用運送である。幹線輸送だけを利用運送の対象としたものである。具体的な事例として外航海

運の場合，海上輸送区間は，荷主から集荷した貨物を，船社の船舶を利用して海上輸送サービスを提供することができる。その際，荷主に対しては，利用運送事業者の立場になり運送書類を発行し，運送責任も負うことになる。

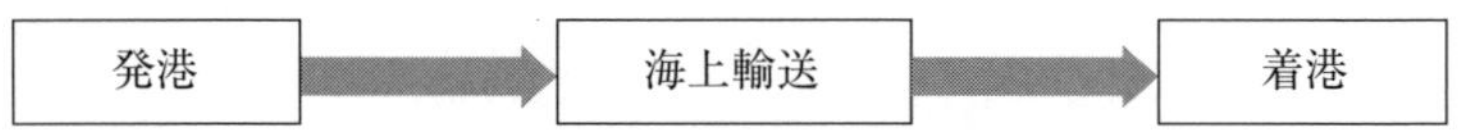

Port to Portの内航，外航海運

出所：国土交通省総合政策局複合貨物流通課　2007年3月

図12-1　第一種貨物利用運送事業の例

（2）第二種貨物利用運送事業

図12-2に示したように第二種貨物利用運送事業は，第一種の幹線輸送の他に，前後する集配サービスを含めて一貫して輸送サービスを提供することができる。具体的には，荷主のドアからトラックで港湾まで集荷した貨物を輸送し，その船積港から船降港までコンテナ船で幹線輸送を行い，着地港からトラックで荷受人のドアまで配送する。したがって，荷主に対して，ドア・ツー・ドアのサービスを一貫して輸送を提供することから，運送責任も一貫した責任を負うことになる。

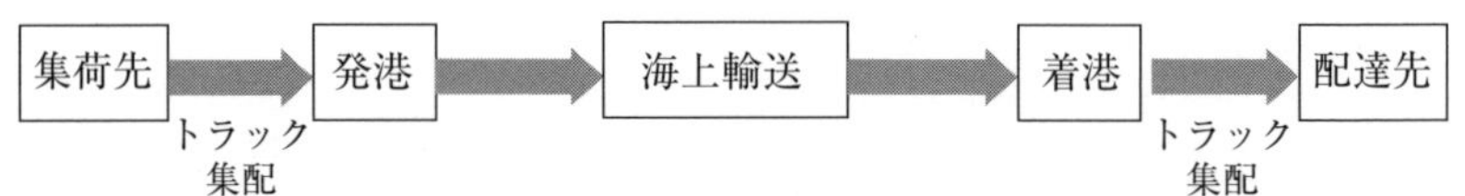

海上輸送の前後にトラック輸送を行い一貫輸送を提供

出所：国土交通省総合政策局複合貨物流通課

図12-2　第二種貨物利用運送事業者の例

4. 貨物利用運送事業法と港運業との関係

港運業者では，貨物利用運送事業者と兼務している場合が多いが，港湾運送事業法による港湾運送業務は，旧貨物運送取扱事業法の制定当時の国会付帯決議により同法には適用されないことになっている。したがって，貨物利用運送事業法でもその趣旨は引き継がれている。わかりやすく説明すれば，利用運送は，鉄道，航空，海運，自動車による利用運送を対象としており，港湾内の利用運送は含まれていないため，港運業者が港湾内でトラック輸送事業者を下請として使用しても，貨物利用運送事業法の利用運送には該当しない。しかし利用運送事業者が，港湾運送を行う場合，港湾運送事業法による許可が必要である。

最近の港運業者では，事業拡大の一環として，利用運送事業に進出しているケースが多く，貨物利用運送事業の資格を取得している場合が多い。

5. フォワーダー業務内容（一例）

フォワーダー業務は，以下の**図12-3**のフォワーダー業務図に示したように，メーカーと発注者の中間に位置し，輸出貨物を発注者まで届けるために輸送手配，通関手続き等をコントロールすることである。詳細は，以下の手順である。

①発注者は，メーカーに製品の発注

②注文を受けたメーカーは，船積みと通関手続きをＦ社（フォワーダー）に依頼

③Ｆ社担当者は，メーカーの工場担当者と出荷日時を調整し，トラック会社に連絡し輸送手配

④Ｆ社担当者は，船会社に連絡し，船積みする船舶のスペースを予

約。そして，船積みする日時に合わせて，通関手続き，梱包，コンテナ積込みの手配

⑤本船が出航すると，船積書類一式をメーカーに送付

⑥本船が相手国の港に入港すると，船会社よりＦ社に着荷通知

⑦Ｆ社（相手国）は，発注者に着荷通知をし，輸入通関を行い，その後の輸送の手配

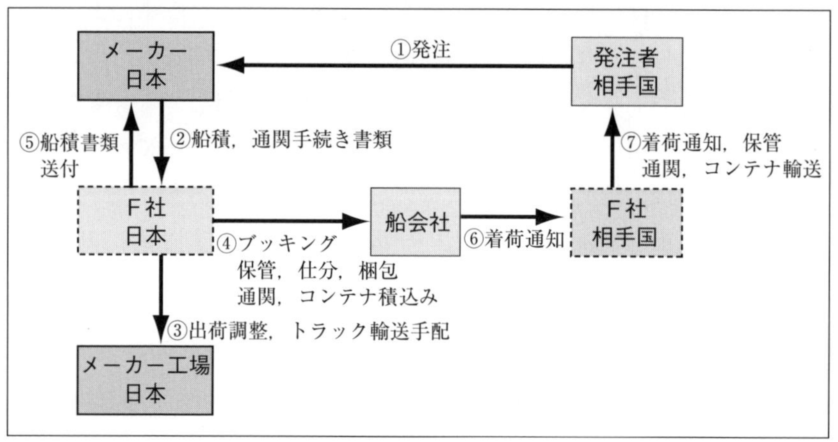

（筆者作成）

図12-3　フォワーダーの業務図

6. フォワーダーの現状

わが国のフォワーダーの出身母体の多くは，港運系，倉庫系，陸運系，船社系，荷主系（商社，メーカー）などがある。これらのうち，港運系，倉庫系は，従来からの国際貿易業務を担っていた関係から多くの事業者が進出していてる。近年の傾向として，特に指摘したいことは，荷主系の商社やメーカーの物流子会社の動きが著しいことである。

（1）商社系のフォワーダーの動向

商社系のフォワーダーの動向は，親会社と連携してフォワーダービジネスを積極的に展開していることである。代表的な総合商社5社（三井物産，三菱商事，伊藤忠商事，住友商事，丸紅）と子会社のフォワーダーを挙げて紹介する。

まず，三井物産である。2017年4月に同社子会社の物流子会社トライネット・ロジスティクスとトライネットを事業統合し「三井物産グローバルロジスティクス」を設立した。資本金10億円，従業員約2,000人，売上高約380億円である。特徴は，国内倉庫施設の約73万m^3の運営と海外拠点を加え，倉庫運用システムを開発，物流センター内のオペレーションとロボット化による省人化に取り組んでいる。

2社目は，三菱商事である。2016年に新産業金融事業グループの組織改編により物流事業本部がコントロールしている。子会社の三菱商事ロジスティクスを中核企業として，2015年中古コンテナ船投資ファンドを組成し，海外事業では，ミャンマー・マンダレー空港運営事業，フィリピンの工業団地内の物流関連事業を営んでいる。

3社目は，伊藤忠商事である。子会社の伊藤忠エキスプレスと連携し，アジア地域内のEC事業の展開を図るうえで，フレート・フォワーダー事業を強化している。さらに国内の複数の大型物流センターを開発している。

4社目は，住友商事である。2010年4月に物流保険事業本部を設置し，豪州の港湾ターミナル会社を完全子会社化している。さらに子会社の住商グローバルロジスティクスとともに，東南アジア地域から中国など広範囲に物流事業を展開している。国内では複数の物流施設を展開している。

5社目は，丸紅である。2010年以降に，タイ・レムチャバン港の新設コンテナ・ターミナルを買収，さらにブラジルの港湾ターミナル会社を完全子会社化している。また 2015 年に子会社の丸紅物流は，物流事業の強化・拡大を図るために，「丸紅ロジスティクス」として新会社を設立している。この会社は，資本金 2 億円，従業員約 900 人，売上高約 450 億円である。

（2）メーカー系のフォワーダーの動向

メーカー系フォワーダーの動向は，大きく二つのパターンがある。一つは，コスト圧縮を狙い，グループ企業内の物流アウトソーシングと外販比率を高めることにより体質強化を図るパターン，二つめは物流企業に全部または一部売却するパターンである。

①物流子会社の強化を図るパターン

日立物流は，日立製作所グループ内企業であるが，グループ以外の外販比率が約 70 ％あり，国際・国内物流において高い評価を得ている。特に，2006 年に資生堂の物流子会社を引き受け，資生堂の物流とイオングループの 3PL 方式によるシステム物流を受託している。

富士フィルムロジスティクスは，富士ゼロックス流通と統合し，存続会社名を富士フィルムロジスティクスとして，富士フイルム内の物流事業だけではなく，ノンアセット型 3PL 事業者として外販活動を活発化させている。

②物流企業に売却するパターン

先述したように資生堂は，2006 年に物流子会社を日立物流に売却することにより物流機能を日立物流に委託している。さらにパナソニックスは，2014 年に日本通運に売却している。また 2015 年に NEC の物流子会社である NEC ロジスティクスも日本通運の子会社に加わり，2015 年にはソニーの子会社であるソニーサプライチェーンソリューションズは，三井倉庫とソニーの合弁会社として，三井倉庫サプライチェーンソリューションズとして再出発している。2015年に日本電産ロジテックは，丸全昭和運輸の傘下に入っている。

7. フォワーダーのサードパーティロジスティクス（Third Party Logistics, 3PL）への進出

フォワーダーは，荷主業務の一部を引き受けることにより，フォワーダー事業を3PL事業に進化・発展させている。

（1）3PLの定義

1997年4月の総合物流施策大綱では，3PLを次のように定義している。

「荷主に対して物流改革を提案し，包括して物流業務を受託する業務」である。この定義内にある「物流改革を提案し，包括して物流業務を受託する」の意味は，物流業務を見直して，荷主から新たな業務や作業を取り込むことにより，物流改革を提案することである。したがって，フレート・フォワーダーは，新たなビジネスチャンスと捉え，積極的に展開している。

（2）3PLの誕生

サードパーティロジスティクスの誕生は，1970年代以降の米国で誕生したと言われている。その誕生した背景には，米国政府の規制緩和政策がある。規制緩和により新規参入業者が増加し，既存のトラック輸送業者が生き残りを図るために，荷主の物流関連業務とトラック輸送を含めて請負ったことから始まる。

（3）わが国の 3PL 事業動向

2020 年 9 月号の「ロジスティクス・ビジネス」の 3PL 白書によると，2019 年度の 3PL 事業売上高（46 社対象）は 3 兆 1,580 億円，対前年伸び率は 1.9 %となり，成長率は鈍化しているが，2010 年度の 1 兆 4,609 億円から約 2 倍の成長を遂げている。

2020 年度はコロナ禍の影響により 3PL 市場にも影響を受けているが，巣ごもり需要の増加が期待できる。

（4）3PL 事業者のタイプ

①アセット系 3PL 事業者

倉庫やトラックを自社保有している割合が高く，既存の保有資産を有効活用することができる。倉庫会社や運送会社を母体とする企業が多い。メリットは，荷主側からの信頼感が高いが，デメリットは，荷主側の要望に沿うような保有資産の改修や自社スタッフの育成等に時間がかかることである。わが国の 3PL 事業者には，このタイプが

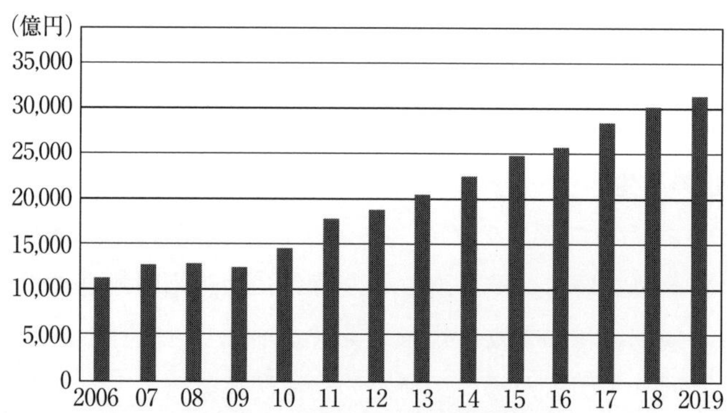

出所：月刊ロジスティクス・ビジネス2020年9月号

図12-4　わが国の3PL市場規模

多い。

②ノンアセット系 3PL 事業者

倉庫やトラック等を保有せずに，他社資産を有効活用して 3PL ビジネスを展開している。コンサルタント会社やフォワーダーを母体とする企業が多い。メリットは，顧客のニーズに合う他社資産を選択することができることで，デメリットとしては，ノンアセット系 3PL 事業者と現場企業との連携を図ることが難しいことである。米国ではこのタイプが多い。

（5）フォワーダーの 3PL ビジネス（一例）

3PL ビジネスに進出したフォワーダーは，荷主業務・作業を新規に請負い収益拡大を図っている。**図 12-5** 内の「A」に示した範囲が，フォワーダーが新規に請負った業務である。一般的には，荷主の倉庫内作業や書類作成等が多い。今後さらに請負業務が増加していくことが期待される。

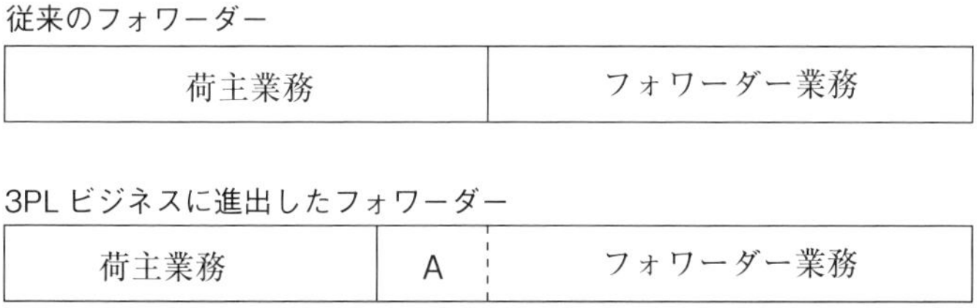

従来のフォワーダー

荷主業務	フォワーダー業務

3PL ビジネスに進出したフォワーダー

荷主業務	A	フォワーダー業務

（筆者作成）

図12-5　フォワーダーの3PLビジネス

《学習のヒント》

1．フォワーダーとNVOCCの違いを考えてみよう。
2．第一種貨物利用運送事業と第二種貨物利用運送事業の違いを考えてみよう。
3．フォワーダーが積極的に展開している3PLビジネスでは，今後どのような展開に進展するのか考えてみよう。

参考文献

鈴木暁編著（2016）『国際物流の理論と実務（第6版）』
JIFFA（2017）『第9版国際複合輸送の手引』
ライノス・パブリケーションズ「月刊ロジスティクス・ビジネス」2020年9月号

13 国際海事管理（1）～第四次産業革命と海運～

北田桃子

《目標＆ポイント》 第四次産業革命と呼ばれるデジタル社会の到来によって私たちの暮らしが大きく変化したことを実感する人は多いだろう。様々な産業において技術革新が進む中，海運においても自動運航船の試運転や実用化が話題になっている。第四次産業革命の特徴と海事社会への影響について，技術，運航，法律，社会の側面から考える。
《キーワード》 第四次産業革命，自動運航船，イノベーション，雇用，スキル

1．海運と第四次産業革命

（1）第四次産業革命の到来

世界史で習う主に西洋の産業革命の歴史において，18世紀後半から水力や蒸気を動力とする機械によって生産力が向上したことを第一次産業革命と呼んでいる。第一次産業革命の技術は造船や海上貿易など海運にも直接的利益をもたらした。19世紀後半には第二次産業革命と呼ばれる大量生産の時代が到来する。発電がさかんになり，分業という概念を取り入れることで生産効率が向上した。次に登場したのが第三次産業革命で，20世紀後半より，最初のコンピューターやインフォメーション・テクノロジー（IT），そして自動生産が開発される。この頃から海運も貨物量が増え，海事産業に関わる労働の機会も海上及び陸上共に広がった（図13-1）。

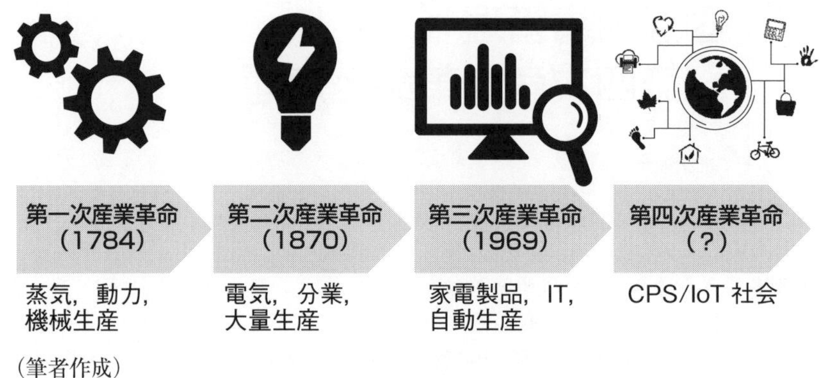

（筆者作成）

図13-1　産業革命の変遷

一方，第四次産業革命はこれまでの産業革命とどう違うのだろうか。いわゆるミレニアムと呼ばれる2000年の少し前からインターネットが家庭に普及し始めた。今や当たり前となったグーグルの日本語検索や，Ｅコマースの先駆けであるアマゾンが日本で運用開始したのは，2000年だった。今まで辞書で言葉を調べたり，図書館に行く必要があったり，近くの商店で探すしかなかった買い物が，インターネット経由の様々なサービスによって，便利になったと感じた人も多かっただろう。しかし，そういった検索サービスやＥコマースの利用にはコンピューターが必要だった。2008年にスマートフォン，2011年にタブレット端末が登場すると，いつでもどこでもインターネット経由でサービスを利用したり，遠い場所の人とつながることが可能になった。総務省の2019年調査によると，インターネット利用の機器としてスマートフォン（63.3％）はパソコン（50.4％）を上回り，世帯ごとの保有割合もスマートフォン（83.4％）はパソコン（69.1％）を大きく引き離した（総務省，2020)。こうしてデジタル機器を通じたデジタル社会はわたしたちの生活の基幹部分に入り込んだ。2020年のコロナウイルスによる世界的パンデミックにより，デジタル社会は一層加速し，実世界（フィジカル空間）がサイバー空間に取って替わられる新しい「日常」が成立した。

第四次産業革命のキーワードに，CPS/IoT社会がある。サイバーフィジカルシステム（CPS）とは，実世界（フィジカル空間）にある様々なデータをセンサーネットワーク等で収集し，サイバー空間で大規模デー

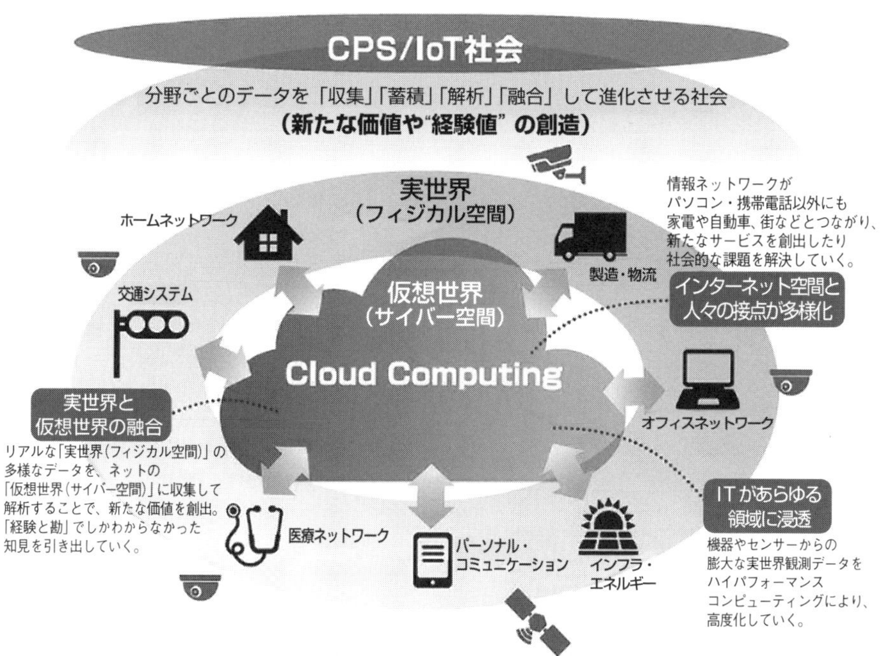

出典：一般社団法人　電子情報技術産業協会

図13-2　実世界とサイバー空間が相互連携した社会（CPS/IoT社会）

タ処理技術等を駆使して分析や知識化を行い，そこで創出した情報や価値によって，産業の活性化や社会問題の解決を図るものである（電子情報技術産業協会，2021）。モノのインターネット（IoT）は，あらゆるモノが，コミュニケーションのための情報伝送路であるインターネットを通じてつながることを意味する。第四次産業革命の特徴として，IoT，人工知能（AI），ビッグデータがキーワードとして挙げられることが多いが，それらを含めた実世界とサイバー空間が相互連携した社会（CPS/IoT 社会）が到来し始めている（**図 13-2**）。

（2）第四次産業革命と海運

第四次産業革命の影響は，様々な産業に及んでいる。海運に焦点を当てると，大きく四つの分野に第四次産業革命の影響をまとめることができる。

一つ目の分野は，船舶及びインフラの自動化である。デジタル化の流れを受け，船舶の分野では「自動運航船」が概念化され，実用化に向け，ノルウェーや日本など一部の国で試験運転が実施されている。「自動運航船」についてはもう少し詳しく後に解説するが，安全及び効率の向上が期待されている。他にも，センサーやデータの発達により，船舶のエネルギー効率の分野でも第四次産業革命の恩恵を受け，燃費効率のモニタリングが実施されている（第 14 章参照）。

二つ目は，船舶及びインフラ整備で，**図 13-3** に示すように，船舶検査においては，空中や水中から検査ドローンを使って，乗組員の手が届かない箇所を検査し，効率的なメンテナンスを実施することも可能になってきている。また，より複雑化，高度化する機器を陸上の専門家がモニタリングし，遠隔でメンテナンスを実行すれば，船舶の運航計画を遅らせることなく効率的，かつ経済的だ。

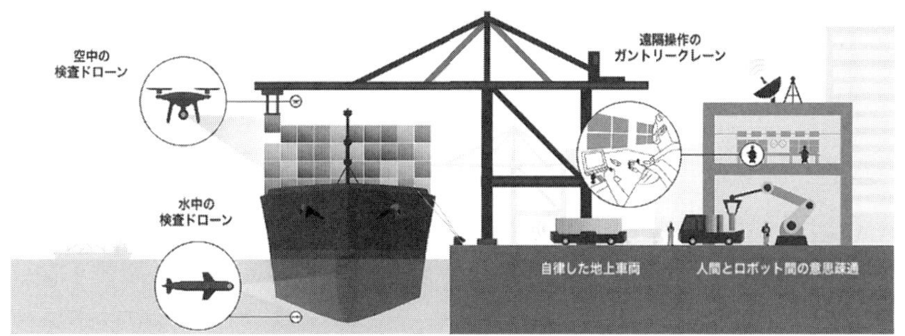

出典：WMU（2019）を元に筆者が日本語用に編集

図13-3　海運における第四次産業革命

三つ目の分野はユーザーインターフェースである。海運サービスのユーザーの自由度が高まり，蓄積されたデータによるインテリジェントなインターフェースによってカスタマイズされたサービスを予約し，実世界あるいはサイバー空間でロボットがサービスが提供することも可能になるだろう。海上作業においても，人間とロボットの協力が進み，より拡張度の高いサービス，そして仮想現実（バーチャルリアリティ）により遠隔サービスが可能になる。

四つ目は，全く新しい海運サービスの登場だ。デジタル化によりさまざまな業種との接続性（コネクティビティ）が向上することにより，今まで海運に関与していない新規参入組を含め様々な人たちの手で，画期的なサービスや新しいビジネスモデルが生まれる可能性がある。海運以外の世界でも，モノを購入してもらうビジネスから，サービスを月極めで契約するサブスクリプションと呼ばれるビジネスが増えてきた。海運でも，将来的には，船舶運航データの分析結果を，データネットワークにより外部のサービス提供会社に送信し，その船に必要なサービス機能の購入あるいはレンタルを行うといったような新しい海運サービスが生まれると予想されている（WMU，2019)。

2. 自動運航船の展望と課題

陸上，航空，海上による貨物輸送を含む運輸産業は，E コマースの到来や，一層の効率化やイノベーションの機運が高まる中，自動操縦を一つの未来像として様々な試験運転が行われている。第四次産業革命によってデータ通信・解析技術が発達し，IoT やセンサー技術の発達，サイバーフィジカルシステム（CPS）によって技術的に自動化できる環境が整いつつあることが，海運の自動化を後押ししている。

特に海運においては，自動化によって人的要因の問題を解決できるのではないかと期待されている。世界的に船員は不足しており，海難事故の原因の 8 割を人的要因，すなわちヒューマンエラーが占めるとされている。日本では，特に国内で運航されている内航船の船員の高齢化が進み，50 歳以上が半数以上を占める。こうした安全面，社会面の問題の解決策として自動運航船が注目される一方，経済面においてもメリットがある。無人あるいは限界まで乗組員を減らした船舶の場合，住居設備が不要あるいは削減でき，設備投資や製造コストが抑えられる他，より多くの貨物を運搬可能となる。

また，第 14 章で詳しく解説する世界的な気候変動への対応と責任が海事産業として取り組むべき課題でもあり，温室効果ガス排出ゼロを目指した新しい船舶の開発が進んでいる。環境にやさしく自動運航に対応するグリーンで，スマートなシッピングは，船社だけでなく，荷主や造船所なども関心を持って取り組んでいる。

しかし一方で，自動運航船については様々な課題も生じている。まずは，自動運航船の定義と区分から見ていこう。

（1）自動運航船の定義と区分

自動運航船には様々な機関による定義や区分が存在する。多くの場合，操船オペレータである人間の役割がどの程度，操船のプロセスに関わり，最終的に有人あるいは無人となるかを想定し，自律化レベルを作成している。この手法は船舶に先行して自動車や鉄道などで用いられている。ロイド船級協会は7段階の自律化レベルを提示し，レベル0（自動化なし），レベル1（船上での意思決定支援），レベル2（船上及び陸上での意思決定支援），レベル3（積極的な人間参加型），レベル4（人間監視型）からレベル5（完全な自律，人間による監視は殆どなし），レベル6（完全な自律，人間による監視は全くなし）という区分を提唱している。

ロイド船級協会の区分は主に自動化の技術的な段階に着目して，人間と技術システムの関係の有無を分けているが，実際には船舶運航は部分的に自律化されており，海陸両方からデータ収集および分析して安全航行するというのが現状である。この現状を第1段階と定義したのが，国際海事機関（IMO）が採用する4段階の自律化レベルである（**表13-1**）。自律化レベル2は，船員が乗船している船舶を，陸上から遠隔操

表13-1　国際海事機関（IMO）の自律化レベル

段階	定義	人間と技術システムの関係
1	自動化プロセスおよび意思決定支援船	一部自動化システムを搭載した船舶を船員が乗船し操船する。
2	遠隔操縦船（船員の乗船あり）	船員が乗船し操船可能だが，通常は陸上から遠隔操作する。
3	遠隔操縦船（船員の乗船なし）	船員は乗船せず，陸上から遠隔操作する。
4	完全な自動運航船	完全な自動化システムが意思決定し操船する。

作をする状態を指す。自律化レベル 3 は，船員は乗船していない船舶を，陸上から遠隔操作する状態で，最後の自律化レベル 4 は，完全な自動化システムが意思決定し操船する状態を言う。

自律化レベル 3，4 に当たる船員が乗船しないいわゆる無人船は，安全面の懸念や法整備の必要性から，国内の条件にあった短距離航路を想定していることが多い。現行の船舶運航を自律化レベル 1 だと考えると，次に向かうべきは船員が乗船している状態で，陸上から遠隔操作をする自律化レベル 2 の構想だろう。**図 13-4** は，第四次産業革命に代表される技術である IoT，人工知能（AI），ビッグデータ，拡張現実（AR）を活用した操船支援のイメージである。

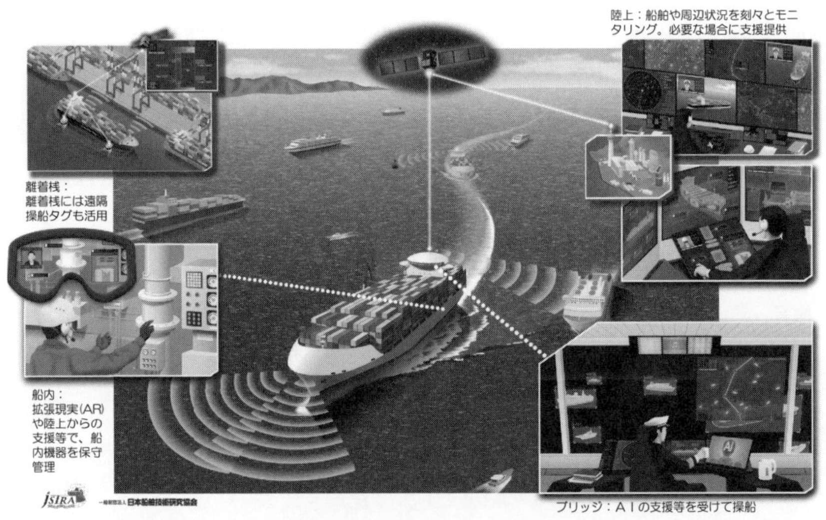

出典：一般財団法人　日本船舶技術研究協会

図 13-4　自動運航船のイメージ（2025 年ごろ）

（2）海運における自動化の歴史

実は，海運にとって自動化そのものは目新しい動きではない。船舶運航，造船所，港湾やロジスティック，その他の海事ビジネスを含む様々な海事産業分野は，自動化を部分的に取り入れ，安全性や生産性の向上に取り組んできた。船舶運航の自動化の代表例として，オートパイロットという自動操縦の機器や，レーダーによる見張りの際に衝突回避を補助する自動衝突予防援助装置（ARPA），そして自動船舶識別装置（AIS）などがある。これらは，20世紀の中期から後期にかけて開発と実用化が進み，操縦者である人間を機械に取って変える目的ではなく，安全性や生産性の向上のため操縦者をアシストする目的で使用されている。電子海図の利用や，操船，係留，入渠の意思決定のサポートにも，自動化されたシステムによる補助がある。自動化は，操船を司る甲板部のみならず，エンジン制御する機関部にも及ぶ。機関士のいない機関区域無人化船（Mゼロ船）では，日中の勤務時間以外は機関室は無人運転し，異常警報の際に機関士が対応する。

さらに，情報通信技術（ICT）の発達により，海上と陸上の設備を結びつける技術も増えた。2006年に，国際海事機関（IMO）の第81回海事安全委員会において「eナビゲーション」の概念が提唱されたが，海上を航行する船舶と，船舶通航業務（VTS）センターを含む陸上設備を結ぶ衛星通信回線によるデータ移行をいかにスムーズに実行できるかという技術的課題があった。ここから分かるのは，こうした船舶の自動化の動きは，近年の自動運航船に直接つながる流れではないものの，船舶運航において徐々に海上と陸上をつなぐデジタル化の流れを見てとることができる。今や海上と陸上の間がデジタル技術によって常時接続されることは，船舶運航における安全，保安，環境保護の観点から必須になってきている。こうした陸上からの運航サポートが主流になる中で，船長や運航要員が自ら意思決定する場面は減りつつある。

(3) 自動運航船の具体例

自動運航船は，海事産業で注目されている議題の一つだ。自動運航船の開発研究はノルウェー，フィンランド，日本をはじめとする一部の国で実施されており，ここではノルウェーと日本の例を紹介したい。

ノルウェーは2016年初頭に，政府の海事庁，海岸管理局，ノルウェー産業連合，研究機関が合同で，ノルウェー自動運航船フォーラムを立ち上げた。またノルウェー主導で，2017年秋に自動運航船の国際ネットワークが設立された。ノルウェーが特に注目されたのは，世界初の温室効果ガス排出ゼロ・完全自律のコンテナ船，ヤラ・ビルケランド号（6章**図6-6**参照）の研究開発だ。農業製品会社ヤラ・インターナショナルと民生及び軍用の誘導システムを製造するコングスベルグ・グルッペンが共同開発している。ヤラ・ビルケランド号はコンテナ100個を搭載でき，ノルウェーのフィヨルド沿いに主に農薬を運ぶ目的で作られた。ノルウェー南部の都市部を走る年間4万台のトラック相当の貨物を運搬できることから，人件費や燃料の削減，さらに温室効果ガスや窒素酸化物（NOx）の排出削減に貢献が期待されている。ノルウェー政府が実験区域を定めた海域での実証実験では，衛星利用測位システム（GPS），レーダー，カメラ，センサーを駆使し，2021年末に実用化の見込みだ。ヤラ・ビルケランド号は，IMOの自律化レベル4（完全な自動運航船）に相当する。

日本も自動運航船の分野では世界をリードする国の一つだ。2019年に日本郵船は，大型自動車専用船イーリス・リーダー号（**図13-5**）を使って，日本近海における自動運航の実証実験に成功した。無人の自動運航船ヤラ・ビルケランド号と違い，有人の自律運航船イーリス・リーダー号は，最適航行プログラムという操船経験が豊富な船長・航海士の経験値や感覚値を組み込んだ高度支援システムを乗組員に提供し，遠隔サポートも含め，より安全で効率的かつ労働負荷の軽減に役立つ運航につながるとしている。

一方，無人の自動運航船の研究開発についても日本は参入を開始している。日本財団の支援により，無人運航船の実証実験を行うコンソーシアムが五つ立ち上がり，2021 年度末までに実証実験を終え，2025 年度末までに実用化を目指す。五つのコンソーシアムは独自のプロジェクトを提案し，スマートフェリーの開発（三菱造船，新日本海フェリー），横須賀市猿島の小型旅客船の無人化（横須賀市，丸紅他 2 社），東京湾～苫小牧のコンテナ船の無人化（日本海洋科学，古野電気他 20 社），内航コンテナ船とカーフェリーの無人化（商船三井，三井 E&S 造船他 6 社），八ッ場あがつま湖の水陸両用車の無人運転技術開発（ITbook ホールディングス，長野原町，埼玉工業大学他 2 社）が実施される。日本財

図 13-5　日本郵船の自動運航船イーリス・リーダー号

〔写真提供：日本郵船株式会社〕

団によると，2040 年に 50 %の船舶が無人運航船に置き換わった場合，国内で年間約 1 兆円の経済効果が期待されるという（日本財団，2020)。

世界トップの科学技術を誇る日本として，政府も自動運航船の開発に積極的だ。国際海事機関（IMO）における自動運航船の議論で，日本の存在感は大きい。2020 年には，自動運航船の実用化に向けた国際連携枠組み「MASSPorts」を，シンガポール（事務局)，日本，中国，韓国，ノルウェー，デンマーク，フィンランド，オランダの 8 カ国が立ち上げ，港内及び港湾間の自動運航船実証試験に関するガイドラインの策定を行っている。

(4) 自動運航船の課題

自動運航船への関心が国際的に高まる中，様々な課題も議論されている。技術的な課題は実証実験を重ね，徐々に実用化される見込みである。一方で，たとえ科学技術が進歩しても，法整備の観点から多くの問題を抱えている。国際条約を含む様々な基準・規則，制度は，基本的に船員が乗船し操船する前提で作られており，科学技術の導入は本章 2 節(2) で述べた陸上からの航行支援を行う「e ナビゲーション」の概念止まりであった。ところが，無人の自動運航船が想定されるとなると，条文の文言との整合性が取れなくなるケースが出てくる。例えば，海上人命安全条約（SOLAS)，国際海上衝突予防規則（COLREG)，船員の訓練及び資格証明並びに当直の基準に関する国際条約（STCW)，海洋汚染防止条約（MARPOL)，国連海洋法条約（UNCLOS）との関係が指摘されている。

そもそも無人船舶は「船舶」といえるのかという議論に始まり，「見張り義務」はどのように実施されるのか，「船員の常務」について遠隔操縦者は「船員」といえるのか，無人船舶にデータ通信等の問題が発生した場合に「操縦性能制限船」と位置付けできるのか，有人船舶と無人船舶が混在する海域において衝突予防を目的とした無人船舶に対する灯火・形象物の規定や自動船舶識別装置（AIS）の利用なども議論の対象となるだろう（南，2016）。

法制度の問題，特に安全に関する事項については，国際海事機関（IMO）の海事安全委員会でも活発な議論がなされており，2019年には日本を中心とした共同提案により「自動運航船の実証試験を安全に実施するための原則などをまとめた暫定指針」が承認された。日本国内においても，イノベーションを阻害しないタイムリーな法令改正の必要性が認識されている。

自動運航船には，安全面における課題の他，保安面の課題も残る。サイバーセキュリティの問題は，第四次産業革命における脅威の一つであるが，海事産業もサイバー攻撃の標的になっている。電子海図の改ざん，船舶に搭載されているGPS等の電子機器の脆弱性，海運会社，港湾やコンテナヤードのシステム，及び浮体式石油プラットフォームに対するサイバー攻撃などの被害が出ている。今後は，自動運航システムへのハッキングが想定され，船舶が遠隔操作で乗っ取られた場合，特に無人の場合，事故発生のリスクが極めて高くなるだろう。IMOの海事安全委員会では，2021年以降の船舶適合検査の際に，安全管理システムの中にサイバーリスクマネジメントを含むことを確認する非強制の決議が採択された。

また，無人の自動運航船の実証試験には，貨物船のみならず旅客船も含まれている。主に短距離の水路を自動運航するケースが多いが，乗客の立場で自動運航の実施を考慮することも必要だろう。乗客が無人のフェリーに乗りたいと思うか，万が一海難事故が生じた際に無人だと不安ではないか，救命の現場において身体能力の異なる乗客（老人や子どもなど）を無人でいかに安全に誘導するか，など疑問点も数多くある。

このように，第四次産業革命が海運に及ぼす影響として，技術，運航，法律，保安の面から自動運航船について考察した。次に自動運航船がもたらす社会的な側面，特に雇用の問題について見ていこう。

3. 第四次産業革命がもたらす社会的影響

（1）雇用問題

新しい科学技術の登場は，新しい産業やビジネスの機会を生む。一方で，様々な社会的影響も懸念される。中でも特に，雇用問題はしばしば議論され，政治的課題にものぼる。近代史において人類が経験した一連の産業革命において，消えた仕事もあれば新しく生まれた仕事もある。第一次産業革命の中心だったイギリスでは，機械の導入と共に，繊維工業における手仕事が喪失した。同様に，第二次産業革命では，農耕機械によって農民の数が減少するなど，これまでの産業革命では特定の産業や業種の仕事が取って替わられるのが特徴だった。

ところが，第四次産業革命は過去の産業革命における人類の経験とは全く異なり，非常に速いスピードで様々な業種の，様々なスキルレベルに影響を及ぼしている。頭脳労働や知識労働への依存度が高い知識集約型経済では，ハイスキル（例：テクノロジー人材，有資格者や専門職）とロースキル（例：学歴や資格をもたず，工業・鉱業・農業・酪農等に従事する職）という雇用の二極化が進みつつあり，その背景にはハイスキルとロースキルの中間に当たるミディアムスキルが減少傾向にある。**図 13-6** は，運輸産業の代表的な職業がどの程度自動化され得るかを予測し，潜在的に機械に取って替わられる可能性を示している。これを見ると，ハイスキルとされる船員（職員），特に船舶機関士は今後も必要とされ，ロースキルとされる船員（部員）は自動化によって仕事がなく

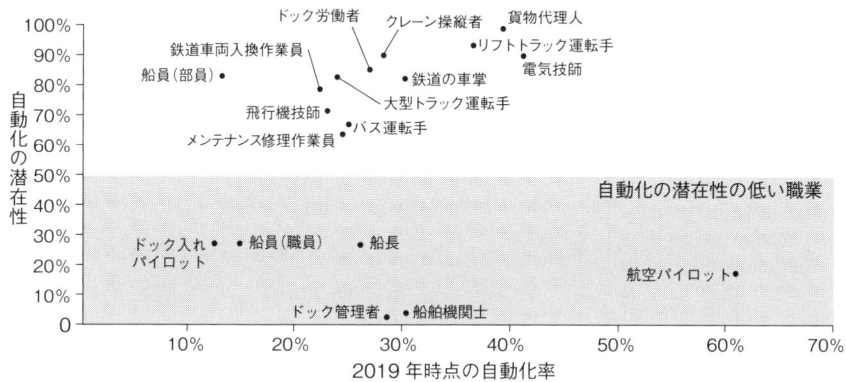

出典：WMU（2019）を元に筆者が日本語用に編集

図13-6　運輸産業の代表的な職業と自動化の潜在性

なる可能性がある。

（2）教育問題

それでは，速いスピードで迫り来る近未来の海運のニーズに応える人材とは一体どんなものだろうか。今まで通りの海事教育訓練で，こと足りるのだろうか。本来，教育は長期的投資で，成果を得られるまでに数年はかかるのが通常だ。世界中の海事教育訓練機関で，第四次産業革命に適応した未来の人材育成について模索が続いている。教育・制度改革を政府（文部科学省など）に任せていたら取り遅れる可能性があるが，教育訓練機関だけで改革するには限界がある。

産業のニーズを第一とする主義にも，本来の教育のあり方として正しいのかという議論もある。第四次産業革命を代表する科学技術も進歩が早いため，設備投資にも莫大な費用がかかる。最新技術を指導する人材不足もあるだろう。さらに，開発途上国におけるインターネット普及率など基本インフラを考えると，問題は一層深刻だ。先進国と開発途上国のデジタルデバイド（情報格差）が，産業の発展に影響することは避けられない。

自動運航船のオペレーターの修士学位取得コースを2018年世界で最初に作ったのは，フィンランドのノビア応用科学大学に併設するアボア・マーレ海事専門学校だ。フィンランドのように，第四次産業革命時代のビッグデータを利用した新しい運輸と通信インフラを戦略的に計画する運輸通信省が，産学官をつなぐ強力な海事クラスターと密接に働く国においては，教育面での対応も非常に早かった。

（3）ポスト・コロナ問題

第四次産業革命時代の基盤となるインターネットが急速に世界で普及しつつある中，2020年世界を襲ったコロナウイルスによるパンデミックは，人々の生活から仕事のやり方を根本的に変えてしまった。一部の自動運航船の実証実験には遅れが見られたものの，多くの研究開発は急ピッチで進んでいる。

パンデミックにより都市ロックダウンや外出制限が長引く中，Eコマースが勢いを伸ばし，海上及び陸上物流が消費ニーズを支えた。国境閉鎖や水際対策で出入国が制限される中，貨物輸送に従事する船員の交代が思うように実施できず，船員が契約期間を過ぎても下船できない非常事態が続いた。

先の読めない第四次産業革命の到来に加え，コロナウイルスによるパンデミックが世界を襲い，経済，環境，社会に様々な影響を及ぼした。働き方やコミュニケーションが大きく変わった結果，コロナ後の社会は，コロナ前の社会とは異なる価値観や常識が一般になるだろうと言われている。国際海事管理の観点からは，より一層の国際協力が必要となるだろうし，管理職に管理されるというより，人工知能（AI）と共に情報管理分析し判断を下すというやり方になるかもしれない。いずれにしても，時代の変化に柔軟に適応できるかどうかが鍵になるだろう。

《学習のヒント》

1．第四次産業革命は，それまでの産業革命と比較してどんな特徴があるだろうか。
2．自動運航船の課題を三つ挙げてみよう。
3．より安全で効率的な海運を目指す上で，機械（マシン）と人間（ヒューマン）の関係性について考えてみよう。

参考文献

総務省（2020）『令和元年通信利用動向調査，ポイント』https://www.soumu.go.jp/johotsusintokei/statistics/data/200529_1.pdf

電子情報技術産業協会（2021）『CPSとは』https://www.jeita.or.jp/cps/about/

日本財団（2020）『世界初，無人運航船の実証実験を開始』6月12日付プレスリリース https://www.nippon-foundation.or.jp/who/news/pr/2020/20200612-45056.html

南健吾（2016）『無人船舶の航行と海上衝突予防法』，「海事交通研究」，66:91-102.

Lloyd's Register（2017）*ShipRight Design and Construction, Additional Design Procedures: Design Code for Unmanned Marine Systems.* London: Lloyd's Register.

WMU（2019）*Transport 2040, Automation, Technology, Employment: The Future of Work*. Malmö: World Maritime University.

14 国際海事管理（2）～地球環境と海運～

北田桃子

《目標＆ポイント》 地球環境に関する国際海事管理について，海事産業が海の生態系に及ぼす影響とその対策について考える。次に，国際政治でも取り上げられる地球温暖化の問題について，海事産業が温暖化対策に積極的に参加する必要性を理解する。さらに，海事エネルギー管理という比較的新しい分野について法的，技術的，経済的，社会的な側面から理解を深めよう。
《キーワード》 海の生態系，地球温暖化対策，脱炭素社会，海事エネルギー管理

1．海の生態系と国際海事管理

地球環境に関する国際海事管理について，海の生態系への影響から考えてみよう。ここでは五つの国際海事管理問題に注目し，船舶からの油流出，バラスト水，海の騒音，海洋プラスチックごみ，船舶の再資源化解体（シップ・リサイクル）を取り上げる。

（1）船舶からの油流出

海運における環境問題としてよくニュースなどで取り上げられる問題として，海難事故によって船舶から油が流出し，海水汚染，さらには海洋生物への影響を耳にしたことがあるだろう。

船舶からの油流出による海水の汚濁は古くから議論されてきた海洋環境問題であり，いち早く国際条約が採択されている。1954年に採択さ

れた「1954年の油による海水汚濁の防止のための国際条約（OILPOL条約)」は主にタンカーからの特定の油による海洋汚染を規制するものだった。しかし，1967年に英仏海峡でトリー・キャニオン号の油タンカー座礁事故が発生し，積荷のほぼ全量にあたる12万トンの原油が流出する大事故が発生した。当時の海運は，タンカーの大型化や油以外の有害物質輸送量の増大が進み，沿岸国の海洋環境保護に対する関心が高まっていた。

このような経緯から，より包括的な国際条約の必要性が広く認識され，1973年に条約が採択されるが，一部未解決の問題があったことから発効には至らず，その後も続いたタンカー事故が契機となって，タンカーの規制強化が盛り込まれた1978年の議定書が採択され，正式名称を「1973年の船舶による汚染の防止のための国際条約に関する1978年及び1997年の議定書によって修正された同条約（MARPOL条約)」という。この条約では，規制対象となる油の範囲を1954年のOILPOL条約が定めた重質油のみならず，全ての油に拡大し，さらに有害液体物質や汚水等も規制対象に含めた。さらに，船舶の航行や事故による海洋汚染の防止に基づき，規制物質の投棄・排出の禁止，通報義務，その手続き等を定める。

（2）バラスト水

船舶からの油流出の他にも，バラスト水による生態系への影響も海洋環境保護問題として多く取り上げられる。バラスト水とはどのようなものか**図14-1**を見てみよう。船舶が貨物を積んでいない状態だと重心が上がり船舶の復原性に問題が生じることから，出港地でバラストタンクに港の海水を積み込み，入港地で貨物を積載するとバラスト水を船外へ排出する。ところが，その水に含有される外来生物が本来とは異なる場

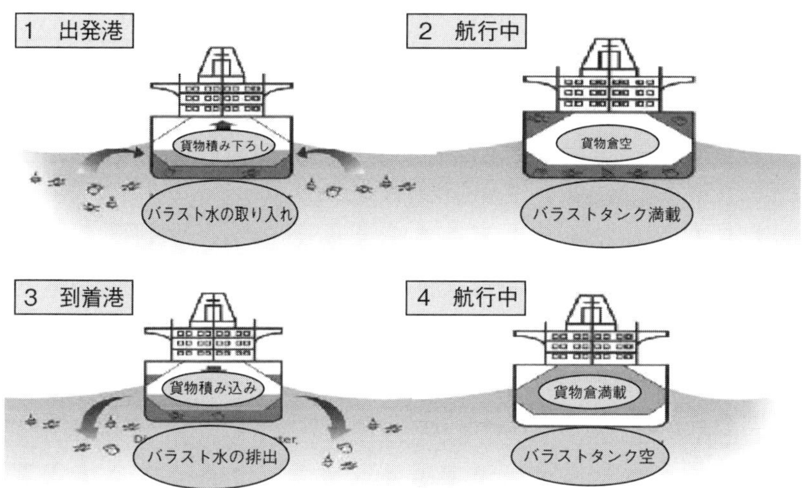

出典：国土交通省報道発表資料（2004年2月16日）https://www.mlit.go.jp/kisha/kisha04/10/100216/01.pdf

図14-1　バラスト水の仕組み

所に移動することで，生態系に影響を及ぼす問題が深刻化している。国際海事機関（IMO）では，バラスト水の問題に対処するため，2004年にバラスト水条約を採択し，2017年にようやく発効した。バラスト水条約では，船舶の建造時期や大きさに応じて，排出基準を満たすバラスト水処理を義務化し，バラスト水処理設備等に係る定期的検査の実施，外国の港における寄港国検査の対象を定めている。

（3）海の騒音

一方，海の騒音も大きな国際問題となっている。船舶運航で生じるエンジン音や，洋上風力開発そして海底資源探査に伴って発せられる水中音が，海洋生物に影響を与えると懸念されている。実際，**図 14-2** に示すように世界の海上輸送量は過去数十年の間に大きく上昇しており，船舶から発する騒音も増加していると考えられる。洋上風力発電は建設時の杭打ちや稼働中にさまざまな音を発し，海底資源探査は光や電波が届かない海中で音を使用して調査を行う。

海の生き物が音を利用して生活していることはよく知られており，例えばスケトウダラは，冬の繁殖期に北洋の海の中で鳴き，稚魚やエビの幼生は生育場所に向かうための方向探知に海辺から発せられる音を用いている。しかし海中騒音レベルが仮に2倍になれば，マスキング効果のため対象音が聞こえる距離は半分になり，繁殖率ひいては水産資源の再

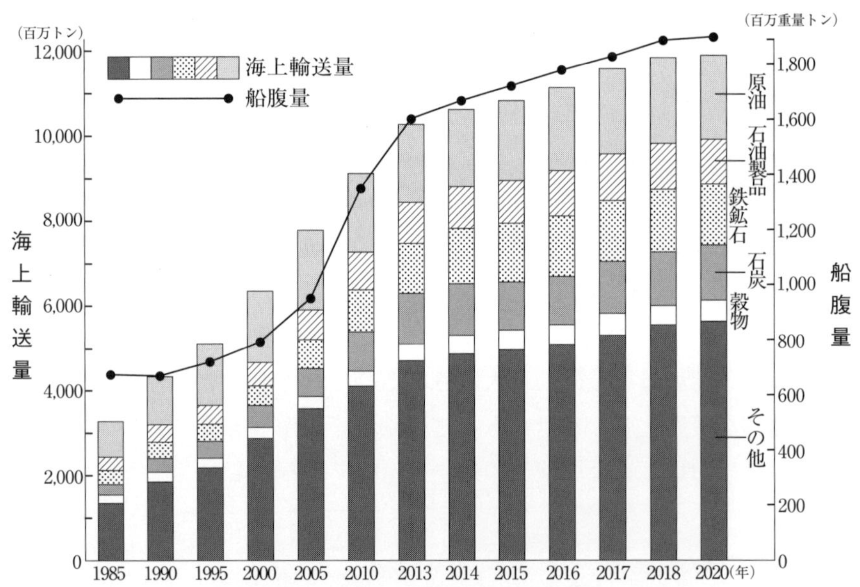

出典：日本海事センター，2020

図 14-2　海上輸送量と船腹量の推移（1985—2019 年）

生産に影響を及ぼすことが懸念される。東太平洋では1970年代から20年間で，背景雑音レベルが2倍になり，世界全体でも同様の現象が起きていると推測される。

海の騒音問題に対処するため，国際レベルでの議論や研究が行われている。国連海洋法条約，生物多様性条約といった国際法，そして国際標準化機構（ISO）における水中騒音に関する規格の作業部会，国際海事機関（IMO）や欧州連合（EU）での議論や研究がある（赤松，2020）。

（4）海洋プラスチックごみ

近年，海の生態系への深刻な影響とされるのが，海洋プラスチックごみ問題だ。世界の海に存在するプラスチックごみは1億5,000万トンと言われ，毎年少なくとも800万トンに及ぶプラスチックごみが新たに海に流出している。大半（80％以上）は陸上由来とされるが，残りの約20％はオイルリグや漁船，埠頭，貨物や旅客を運搬する船舶から発生していると推測される（McKinsey Center for Business and Environment, & Ocean Conservancy, 2015）。船舶からのプラスチックごみの海洋投棄は，国際法ではMARPOL条約附属書V第3規則，国内法では海洋汚染等防止法第10条により禁止されている。

ところが，海上由来のプラスチックごみの深刻さをうかがう事件も相次いでいる。米司法省は2019年，クルーズ客船を運航するカーニバル・コーポレーションと子会社プリンセス・クルーズに対し，バハマ海でのクルーズ航行中にプラスチック廃棄物を不法投棄していたことで罰金支払を命じたが，執行猶予中に不法投棄を継続し，違法行為6件のうち2件は隠蔽工作をしていた。第15章でバハマ諸島の海洋ごみ問題を再び取り上げるが，プラスチックごみは5ミリ以下のマイクロプラスチックとなり，魚やサンゴを含む海の生態系に深刻な影響を与えることで知られている。

（5）船舶の再資源化解体（シップ・リサイクル）

船が進水して廃船となるまでを船齢といい，平均してタンカーで約18年，ばら積み船で約25年，一般貨物船で約27年である。廃船となった船舶は，スクラップや再利用できる部品まで，再資源化解体（シップ・リサイクル）される。解体作業の人件費や，解体部品の市場価値が低いことから，解体の多くがインド，バングラデシュ，パキスタン，中国で実施されている。インド，バングラデシュではビーチング方式と呼ばれる解体方法が主流で，砂浜（ビーチ）に乗り上げさせた船を干潮時に多数の作業者によって船体を切断し，手作業で回収物を運搬する（**図14-3**）。環境汚染問題に加え，労働者の安全衛生問題が深刻化しており，国際海事管理の重要問題である。

2009年に採択されたシップリサイクル条約は，2021年現在未だ発効

図14-3　ビーチングの様子
〔写真提供：IMO〕

に至っていない。しかし2013年末に，シップリサイクルに関するEU規則が発効し，2020年末以降にEU加盟国に寄港する船舶はたとえ非EU籍船であっても，船舶に存在する有害物質等に関する要件を満たす必要がある。

2. 気候変動と国際海事管理～法の観点

（1）パリ協定の概要

2015年のパリ協定で，世界の温暖化対策は大きな転換期を迎えた。1992年の京都議定書に代わり，パリ協定は2020年以降の温室効果ガス排出削減等のための新たな国際枠組みとなり，2015年の第21回国連気候変動枠組条約締約国会議（COP21）で採択され，2016年に発効した。海運との関連を考える前に，パリ協定の重要ポイントを押さえておこう。

パリ協定では，「世界の平均気温上昇を産業革命以前に比べて2℃よ

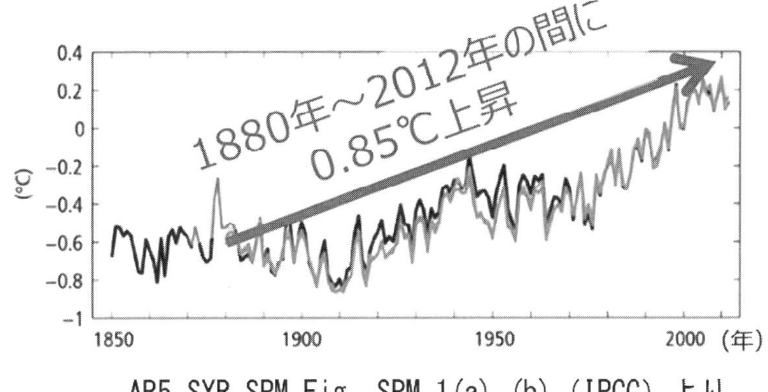

出典：中央環境審議会地球環境部会，2017

図14-4　陸域と海上を合わせた世界平均地上気温偏差の変化

り十分低く保つ（2℃目標）とともに，1.5℃に抑える努力を追求すること（1.5℃目標）」が明示されている。ここでいう産業革命とは，19世紀後半の第二次産業革命を指し，その頃と現在と比較すると約1℃（平均0.85℃）気温が上昇している（**図14-4**）。気温が1℃上昇すると，極端現象（熱波，極端な降水，沿岸域の氾濫）によるリスクが高い状態

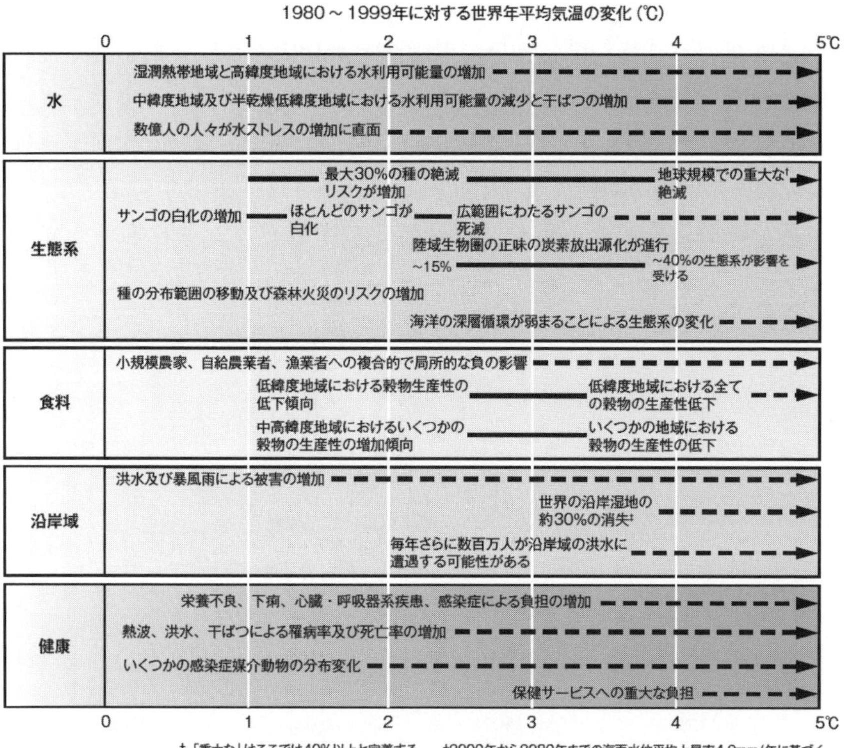

出典：IPCC報告書を日本政府が翻訳，2007

図14-5　世界平均気温の変化に伴う影響の事例（影響は，適応の程度，気温変化の速度，社会経済の経路によって異なる）

となり，2℃上昇すると，適応能力が限られている多くの生物種や北極海氷やサンゴ礁のシステムは非常に高いリスクにさらされる（中央環境審議会地球環境部会，2017)。この他にも産業，社会，健康への様々なリスクが心配されている（**図 14-5**)。

パリ協定では，全ての国が削減目標を5年ごとに提出・更新し，二国間クレジット制度（JCM）を含めた市場メカニズムの活用を含む。二国間クレジット制度は，先進国が途上国に技術や資金を提供して温室効果ガス削減を実施し，そこで得られた削減分を先進国が「クレジット」として自国の削減目標達成にカウントできる制度だ。

（2）脱炭素社会と海事産業

脱炭素社会とは，地球温暖化につながる温室効果ガスの排出をゼロにする社会のことを言う。船舶による海上輸送は，**図 14-6** に示すように

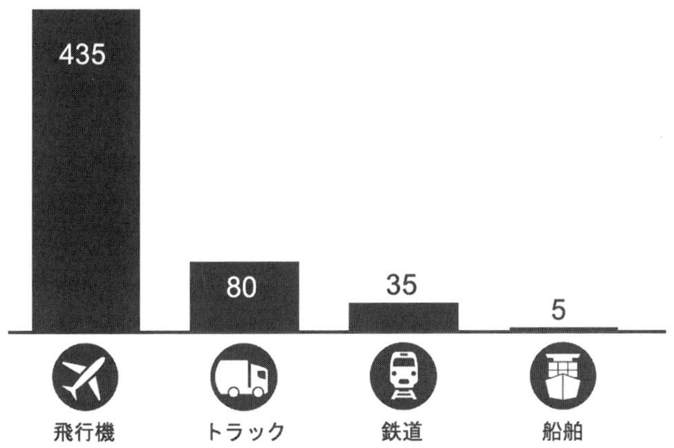

出典：IMO　GHG報告書，2009を元に筆者作成（船舶の排出量値は大型タンカーの場合）

図14-6　CO_2排出量比較，単位はグラム／トン・キロ

他の輸送手段（飛行機，トラック，鉄道）と比較して温室効果ガスの排出量が少ないため，最も環境にやさしい運輸手段だと言われてきた（ただし，船舶の種類によっては鉄道の方が環境負荷が低い場合もある）。温室効果ガスの全世界排出量のうち，国際海運の占める割合は３％以下と言われる。しかし，船舶による排出量は2050年までに50〜250％の増加が見込まれている。脱炭素社会の実現が世界的な課題として政治や経済で大きく取り上げられるようになり，海事産業もいかに温室効果ガス（CO_2）や大気汚染物質である硫黄酸化物（SOx），窒素酸化物（NOx），粒子状物質（PM）を排出削減し，脱炭素社会に貢献できるかが大きな関心事となった。

こうした国際的な関心の高まりを受けて，2018年にIMOの海洋環境保護委員会（MEPC）で温室効果ガス削減戦略が採択された。これによると，国際海運全体で輸送単位あたり二酸化炭素（CO_2）排出量を2030年に2008年比40％減，温室効果ガス総排出量を2050年に2008年比50％減とし，さらにパリ協定に沿って今世紀中に排出ゼロを目指すとの目標が盛り込まれた。

2015年の国連サミットで採択された2030年までの15年間に世界で取り組む目標，「持続可能な開発目標（SDGs）」（詳しくは第15章で解説）にも，海事産業による気候変動対策への参加を牽引する目標がある。例えば，目標７（環境にやさしいエネルギー），目標９（産業，インフラ，技術革新），目標12（責任ある生産と廃棄），そして目標13（気候変動対策）である。また，企業の社会的責任（CSR）の視点から，自主的なポリシーとして海事エネルギー管理に取り組む企業も多い。

海事社会では様々な脱炭素の取組みがなされているが，これ一つで排出量がゼロになるという技術は存在しない。よって，様々な温暖化対策を組み合わせて，できる限り排出量をゼロに近づけるというのが現実的だ。この様々な温暖化対策について知識を深め，包括的かつ戦略的に排出量削減をデザインするアプローチを「海事エネルギー管理」と呼ぶ。スウェーデンにある世界海事大学では，世界初の海事エネルギー管理の修士コースを2016年に設置した。海事エネルギー管理は主に船舶と港湾・造船所のエネルギー管理に焦点を当てている。海事産業はオフショアや金融，海上保険等を含めた幅広い産業であり，それぞれが脱炭素社会に貢献できるが，この章では船舶と港湾・造船所に関連した海事エネルギー管理について，法的，技術的，経済的及び社会的な側面を捉えよう。

（3）海事エネルギー管理に関連する法規則

国際海事機関（IMO）は，海洋汚染防止条約（MARPOL）の附属書VI（船舶からの汚水による汚染防止のための規則）に二つの規則を作成し，2013年に発効した。一つは船舶の設計・建造に関わる技術的な規則で，新造船に対し段階的に厳しく適用される「新造船燃費規制(EEDI)」である。もう一つは運航に関わる規則で，総トン数5,000トン以上の船舶に適用される「船舶エネルギー効率管理計画書(SEEMP)」だ。

2019年からはMARPOL条約の附属書VIに「IMO DCS」という新しい規則が加えられ，国際航海に従事する総トン数5,000トン以上の船舶に対して，燃料消費量，航海距離，航海時間といった運航データの収集及びIMOへの報告が義務付けられた。この「IMO DCS」より早く同様の規則を適用した欧州連合（EU）では，2015年より「MRV」規則による燃料油消費実績報告制度を導入した。

また，MARPOL条約の附属書IV（船舶からの大気汚染の防止のための規則）には，船舶から発生する硫黄酸化物（SOx），窒素酸化物

(NOx)，粒子状物質（PM）の排出規制が含まれる。通常より一層厳しい排出規制を敷く「排出規制海域（ECA）」が北海・バルト海，米国・カナダ沿岸，カリブ海に設けられた。これにより，ECA 内の船舶は通常の燃料油から，より厳しい ECA 基準を満たす燃料油に切り替える必要がある。また，SOx，NOx 排出規制は 2020 年の規制強化にあたり，船社は既存の船舶に様々な対策を迫られた。例えば，規制に適合する燃料油（低硫黄燃料油）の使用，代替燃料である液化天然ガス（LNG）等に変換するべく対応するエンジンへの切替，SOx スクラバ（排ガス脱硫装置）の搭載といった難しい選択肢に迫られた。

3. 海事エネルギー管理

気候変動と海事産業に関連する法規則を押さえたあとは，船舶と港湾・造船所に関連した海事エネルギー管理について技術的，経済的，及び社会的な側面から考えてみよう。

（1）海事エネルギー管理の技術開発

海事エネルギー管理に関する技術開発は，造船技術，船舶運用技術，代替燃料，再生可能エネルギーといった主要分野に分けられる。

＜造船技術＞

船舶の設計段階におけるエネルギー効率向上の技術には，エンジンやプロペラの改良，抵抗の少ない船の設計，船の軽量化などがある。1970 年代の石油危機を契機にいわゆる省エネ技術の研究がさかんになり，パリ協定により気候変動への早急な対策が求められるなか，造船技術の研究は一層重要になっている。

通常，船のエンジンで燃料を燃焼させて得られる熱エネルギーは全て動力に変換されるわけではない。多くの船舶で用いられるディーゼルエンジンは50％以上の熱効率を有するが，排熱エネルギーを再利用する排熱回収システムの技術開発や，代替燃料や再生可能エネルギーと併用可能なハイブリッド型のエンジン開発も進んでいる。

船はプロペラの回転運動により推進力を得るが，このときプロペラ周辺に発生する渦などの影響で推進力の一部が損失する。例えば日本が開発したPBCFと呼ばれるフィンによるプロペラの改良で約5％の効率アップが実現し，世界中の船舶で採用されている。

船体抵抗の軽減に関する技術もエネルギー効率に大きく貢献する。船首の形状を改良することで波の抵抗を減らしたり，ラウンド形状の船首で風の抵抗を抑える技術が開発された。また，海面下の船体表面と海水は航行中に摩擦抵抗を生じる。これを軽減するための特殊塗料の開発や，船底と海水の間に空気を送り込んで摩擦軽減するシステムが開発された。こうした技術開発は魚や動物をヒントにしており，高速水泳するマグロの皮膚（塗料の開発）や，ペンギンが羽毛中に空気を溜め込む技術（空気による摩擦軽減のシステム開発）を参考にしている。

＜船舶運用技術＞

造船技術と並んで，エネルギー効率に大きく寄与するのが船舶運用の技術である。例えば，減速航行，最適航路の選択，積載効率の向上，トリム最適化，船体メンテナンス，運航管理が挙げられる。

減速航行は，船の速度を落とし燃料効率の良い速度をできるだけ維持する技術だ。燃料消費量は速度の3乗に比例して増加するため，船の速度を効率の良いレベルに落とすだけで効果的だ。燃料費は運航費の半分を占めるとも言われることから，船社の関心も高い。一方で前もって決められた運航スケジュールに遅れが生じることは利益損失につながり，気象・海象の影響を受ける海上では，経験豊富な船員の方がどこでどれくらい減速すればよいかを含めた最適航路の選択に関し熟練している。

貨物船の積載効率を上げることも，エネルギー効率に関係する。また，船尾喫水と船首喫水の差をトリムといい，船の前後の傾きをバラスト水や積荷調整で最適化することで，特に荒天時の船舶の安全性や操縦性能を高めるだけでなく，エネルギー効率を上げることができる。さらに，船体メンテナンスも重要で，例えば船底には貝類や汚れが付着しやすく，船底掃除を定期的に実施すれば，水中船底掃除で 9 %，ドライドックの船底掃除で 17 %のエネルギー効率アップにつながる（Adland et al., 2018）。但し，船体メンテナンスには費用がかかり，特に傭船契約の場合，船舶所有者あるいは傭船者のいずれが費用を負担するか（英語でスプリット・インセンティブと言う）は難しい問題だ。

運航管理の面では，仕向港の混雑状況のリアルタイムデータを海上の船舶及び運航管理会社が共有することで，船舶の入港のタイミングをジャスト・イン・タイムに調整し燃料の無駄を省く方法がある。このような運航支援システムにより到着時間を計算しながら，減速航行を実施しやすくなる。

最後に，港湾における陸上からの電力供給も海事エネルギー管理の方法の一つとして紹介したい。船は貨物の荷役に動力を必要とし，船で燃料を使って発電して電力供給している。陸上からの電力供給を行えば，停泊中の船舶からの CO_2 排出削減に貢献できる。

＜代替燃料＞

国際海運で使用される燃料の大部分（84 %）は重油であるが，硫黄酸化物（SOx）排出規制が 2020 年に導入されたこと，また今後も温室効果ガス削減が厳しくなることを見据え，代替燃料への転換が海運における課題の一つになっている。

代替燃料の主なものを挙げると，液化天然ガス（LNG），液化石油ガス（LPG），メタノール，バイオ燃料，水素，アンモニアなどがある。LNGとLPGは環境にやさしい化石燃料と言われ，LNGをディーゼルエンジンで使用した場合，重油と比較してCO_2とNOx排出が大幅に減少し，SOx排出はゼロである。欧州でLNGを供給できる港が増えてきているが，船舶及び港湾への設備投資が大きいため，世界的な普及にはまだ時間がかかる。メタノールは設備投資がLNGの3分の1で済むが，LNGより割高である。バイオ燃料は，原料である作物が成長過程でCO_2を吸収し，燃焼時のCO_2排出と相殺（カーボンニュートラル）され，重油と比べて最大80～90％の削減が可能と言われるが，割高である。水素は天然ガスの改質や水の電気分解などの方法で生産可能で，燃料電池で使用すればCO_2，NOx，SOxは発生しないが，超高圧・極低温で貯蔵するため扱いが難しく割高である（森本他，2018）。アンモニアは，燃焼してもCO_2排出ゼロ（カーボンフリー）で，生産・運搬・貯蔵などの技術及び供給網がすでに確立しており，安全性への対策やガイドラインも整備されている。初期投資をあまりかけずにエネルギーに転用することができるため期待されている。

＜再生可能エネルギー＞

代替エネルギー（燃料）と並んで海運における地球温暖化対策の一つとされる再生可能エネルギーの研究開発を見てみよう。一般に再生可能エネルギーといえば，太陽光，風力，水力，潮力，波力，海流，海洋温度差，地熱，バイオマスを利用して発電する技術だ。太陽光については，大量のソーラーパネルを船舶に設置するため，甲板が貨物やクレーン，パイプなどで覆われている貨物船には不向きで，利用が限定さ

（筆者撮影）

図14-7　ストックホルム港に停泊中のバイキング・グレース号。船上にローター・セイルを搭載し，LNG燃料を使用する。写真左の二つのドラムはLGNタンク。

れる。

船舶燃料に替わる，あるいは補助する再生可能エネルギーとして，古来より知られているのは風力だろう。帆船の歴史は長く，風力のエネルギー変換効率は太陽光や波力のそれと比べて高い。風力利用の近代化として注目を集める風力推進船に使用される技術には，例えば，ローター・セイル，ハードセイル（硬翼帆），ソフトセイル（軟帆），カイト，サクションウイング，風力原動機がある。

ローター・セイルの歴史は古く，1920年代に開発された技術である。垂直に立てられた円筒（ローター）を船上に設置し（**図14-7**），ローターを動力によって回転させることで揚力が発生するマグヌス効果を利用して，船は前進する推進力を得る。貨物船及び旅客船に採用されている。

ハードセイル（硬翼帆）は伸縮可能な帆のことで，風力エネルギーを推進力に変換する装置だ。ソフトセイル（軟帆）は帆船やヨットに用いられる古典的な技術で縦帆，横帆に分けられる。小型から中型のタンカー，バラ積み船，貨物船の改良として使用でき，完全自動のシステムもある。カイトは文字通り大きな凧を上げて船を走らせる技術のことで，2008 年にカイトを一部の推進力に利用した世界初のコンテナ船が実現した。船舶用のサクションウイングは 1980 年代に開発され，船に設置した帆が翼の原理で気流の乱れを吸い込み口により調整して安定した推進力を得る技術である。風力原動機は，風車のように風力を動力に変換する装置で，主機の補助として開発されている。

（2）経済学からみた海事エネルギー管理

技術開発による海事エネルギー管理は，国によって技術の有無や，設備投資及び研究開発費の有無が異なるため，IMO の削減目標である「国際海運全体での輸送量あたりの CO_2 排出量を，2030 年までに 40 %以上削減」等の達成には，その他の対策も必要である。経済的な介入には，市場メカニズムを利用した経済的手法（MBM）の導入，循環型経済（CE）の促進，ライフサイクル評価（LCA）の利用，社会的責任投資（ESG）の拡大などが挙げられる。

＜市場メカニズムを利用した経済的手法（MBM）＞

市場メカニズムを利用した経済的手法（MBM）は，経済的なインセンティブ（誘因）を用いて，経済合理的行動に影響を与える政策手法である。海事エネルギーに関する MBM には，課金制度，補助金制度，排出権取引制度がある。

MBM は 2010 年より IMO で議論されているが，主に途上国からの反対意見もあり，2013 年に議論は一時中断となった。しかし，2018 年より IMO における MBM の議論が再び活発となり，EU では EU 排出権取引制度（EU-ETS）の海運への適用を 2023 年の導入を目指して検討している。同制度による収入財源は脱炭素化に向けた革新技術やインフラ投資を支援する基金創設に使用される。

<循環型経済（CE）の促進>

地球規模の気候変動の対策として，これまでの大量生産・大量消費・大量廃棄型の線型経済（リニア型経済，LE）から脱却し，環境制約や資源制約への対応を産業活動や経済活動のあらゆる面に取り入れた循環型経済（サーキュラー経済，CE）に転換を図ることが強く求められている（図 14-8）。

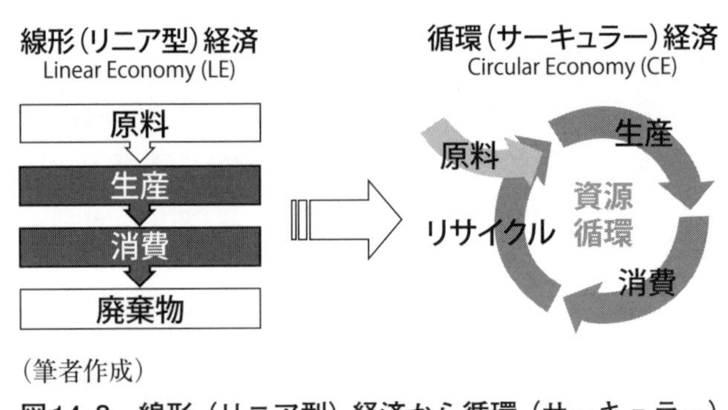

（筆者作成）

図14-8　線形（リニア型）経済から循環（サーキュラー）経済への転換

<ライフサイクル評価（LCA）の利用>

温暖化ガスの削減は，「設計→生産→運用→再生」というライフサイクルの視点を考慮する必要がある。設計段階で排出量が少なくても，生産や運用，再生段階で排出量が多いと，ライフサイクルの視点から見ると温暖化対策はマイナスに転じる。例えば，日本がノルウェーと共同でIMOに提案している船舶用燃料のライフサイクル評価では，陸上回収したCO_2をリサイクルしたメタンやバイオマスを使用する場合，船上排出のCO_2を相殺できて，カーボンニュートラルと評価できる。

＜社会的責任投資（ESG）＞

ESGの頭文字は，環境（Environment）・社会（Social）・ガバナンス（Governance）で，これらの要素を配慮している企業を重視・選別して，投資家自らが社会的責任ある投資を行うことを，社会的責任投資（ESG投資）という。短期的な目先の利益を得る投資ではなく，投資家が意思を持って，企業経営の長期的な環境対策，社会貢献などを評価する。これによって企業は責任説明や透明性を意識した経営を迫られる。

（3）社会学からみた海事エネルギー管理

最後に，社会的側面から海事エネルギー管理について考えてみよう。ここでは，バリアの問題，教育訓練の必要性，在来知と近代科学について取り上げる。

＜バリアの問題＞

海事エネルギー管理に関する法規制，造船や運用の技術，代替燃料や再生可能エネルギー，経済的介入などについて学んだが，これらを実行すればエネルギー効率を上げることができるはずだ。しかし現実には，たとえ方法があれど人間は必ずしも実行するとは限らない。すなわち，潜在的なエネルギー効率に対し，実際に取り組んで得られるエネルギー効率は低い，ということが起きる。これを「エネルギー効率ギャップ」と呼び，その原因はさまざまなバリアにあると考えることができる(Kitada & Ölçer，2015)。

例えば，エネルギー効率を向上する方法を使うと，船舶の安全性を脅かす可能性が出てくる場合（安全性・信頼性）や，既存の船舶運用システムに組み入れることで導入する装置が他の装置などにどのような影響を及ぼすか不明な場合（技術的不確実性），新システム導入が組織内あるいは現場の人間に説明されていない状態（情報バリア），傭船契約などで誰がコストを負担するか（市場バリア），燃油の高騰やパンデミックなど経営難における投資が難しい場合（経営バリア），子会社やアウトソーシングしている会社がいかに気候変動対策を講じているかに関し，管理の目が行き届かないこと（複雑化する管理バリア），乗組員の不十分な知識の技能（教育訓練バリア）などがある。

＜教育訓練の必要性＞

海事エネルギー管理のバリアの一つとして挙げられた教育訓練の問題は，乗組員に限らず，気候変動という地球規模の課題に取り組むにあたり，専門家が不足していることが挙げられる。海事エネルギー管理の国際的なリーダーシップは，技術や資本を有するいわゆる先進国による。一方で，地球規模の問題解決には途上国の参加が不可欠で，専門家の不足は深刻だ。このニーズに応えるべく，主に途上国の海事専門家を育成する世界海事大学（IMOによって1982年に設立）に，2016年より海事エネルギー管理の修士コースが設置されている。

また，2016年にIMOがEUの出資により，海事技術協力センター(MTCC）を世界4地域に設立した。具体的には，アジア地域（拠点：中国），太平洋地域（拠点：フィジー），アフリカ地域（拠点：ケニア），カリブ地域（拠点：トリニダード・トバゴ）である。この四つのMTCCsがグローバルMTCCネットワーク（GMN）を形成し，各地域からの海事エネルギー管理に関する情報交換や合同の研修会を開催し，国際的なパートナーシップを通じて地域の専門家育成，及び産業活性化に貢献している。

＜在来知と近代科学＞

地球環境と海事国際管理というテーマで，海事産業における様々な課題と解決策を学んだが，最後に在来知と近代科学について考えてみたい。現在，先住民をはじめ，世界の様々な社会集団がそれぞれの地域の生態・社会環境に適応する過程で生み出してきた知識，すなわち「在来知（Indigenous Knowledge）」が注目されている。地域の生態・社会環境に密着した精緻で豊かな知恵と技術が凝縮された在来知は，時には近代科学が導き出す方法よりもっと理に叶った方法を教えてくれる。

例えば，カナダ極北圏の先住民イヌイットが極北圏の気候変動や野生生物について近代科学の科学的知識に匹敵する知識をもっていることが指摘され，1990年代より近代科学の知識と共に活用されている（本多他，2005）。トンガ王国の文化価値に沿った質的研究の枠組みである「カカラ（kakala）研究フレームワーク」は，トンガ王国の伝統である「特別な機会に生花の首飾りを作成し贈る過程」を研究過程になぞらえている。こうして得られた質的データは，地域社会の豊かな経験と考え方を反映している（Fua, 2014）。

近代科学は主に西洋で誕生し発展してきた。一方で東洋には東洋の優れた思想やアプローチがある。科学技術が発達し，意思決定すら人間の仕事ではなくなりつつある現代において，在来知の豊かさに立ち戻り，複雑な環境問題の解決策を考えてみてはどうだろう。いわゆるハイテクが主流だからこそ，ローテクが解決策になるかもしれない。風力推進船に用いられる技術の一部はそんなローテクが地球環境問題の解決策となった良い例だ。

《学習のヒント》

1．海の生態系に影響を及ぼす国際海事管理問題にはどのようなものがあるだろうか。
2．パリ協定の目標達成のため，海事産業ではどのような取り組みがなされているだろうか。
3．近代科学が発展する一方，在来知が注目されるのはなぜだろうか。

参考文献

赤松友成（2020）『海の騒音問題』「Ocean Newsletter」，472
中央環境審議会地球環境部会（2017）『長期低炭素ビジョン』http://www.env.go.jp/press/103822/105478.pdf
日本海事センター（2020）『Shipping Now　データ編』，http://www.jpmac.or.jp/img/relation/pdf/2020 pdf-full.pdf
本多俊和，葛野浩昭，大村敬一編（2005）『文化人類学研究：先住民の世界』．放送大学教育振興会
森本清二郎，坂本尚繁（2018）『GHG 削減に向けた舶用代替燃料の検討動向－欧州での分析事例を参考に』日本海事新聞，8 月
IPCC.（2007）『第 4 次評価報告書統合報告書政策決定者向け要約』（文部科学省・気象庁・環境省・経済産業省が日本語訳）http://www.env.go.jp/earth/ipcc/4th/

syr_spm.pdf

Adland, R.,Cariou, P., Jia, H., Wolff, F－C. (2018) . The energy efficiency effects of periodic ship hull cleaning, *Journal of Cleaner Production*,178, pp.1－13, https://doi.org/10.1016/j.jclepro.2017.12.247

Fua, S. U. J. (2014) . ***Kakala research framework: A garland in celebration of a decade of rethinking education***. USP Press.

Kitada, M., & Ölçer, A. (2015) . Managing People and Technology: The Challenges in CSR and Energy Efficient Shipping. ***Research in Transportation Business and Management***. Special issue on Energy Efficiency. DOI: 10.1016/j.rtbm.2015.10.002

McKinsey Center for Business and Environment, & Ocean Conservancy. (2015) . *Stemming the Tide: Land - based strategies for a plastic - free ocean*. https://www.mckinsey.com/~/media/mckinsey/business%20functions/sustainability/our%20insights/saving%20the%20ocean%20from%20 plastic%20 waste/stemming%20the%20tide%20full%20report.pdf

15 国際海事管理（3）～地球の未来と海の教育～

北田桃子

《目標＆ポイント》 近年，気候変動，海洋ごみ，海洋生態系の変化など，海をとりまく国際社会が抱える課題が広く一般にも認識されるようになり，海洋科学の重要性が高まっている。海洋・海事に関わる科学分野にはどのようなものがあるかをまとめ，海洋教育の役割や重要性を国内外の事例と共に考えてみよう。

《キーワード》 海事・海洋教育，海事・海洋科学，国連持続可能な開発目標，国連海洋科学の10年

1．海洋科学と教育

（1）海洋の科学・教育分野

海洋科学にはどんな学問が含まれるのだろうか。ユネスコ政府間海洋学委員会によると，海洋科学は七つの分野に大別でき，ブルー成長（海がもたらす経済），人の健康と良好性，海洋エコシステムの機能と過程，海洋地殻と海洋地質災害，海洋と気候，海の健康状態，海洋技術を挙げている（Isensee 2020)。大学に設置されている学部で見ると，例えば東京海洋大学には2021年時点で，海洋生命科学部・海洋科学部，海洋工学部，海洋資源環境学部という学部が並ぶ。さらにそれぞれの学部に包括される学科には，海や河川・湖の生態系や生命科学，水産，食品加工，漁業，海洋政策，海洋文化などの幅広い専門分野がある。さらに，窪川・山形（2020）によれば，「近年の海洋科学は，地球内部，表層，

そして大気を包含する全地球の科学であり，いまや惑星系から系外惑星までも含む。」

一方，海洋教育は二つに大別できるとも言われている。一つ目はいわゆる海上物流を支えるマリタイムの学問，すなわち，商船，水産，造船，海運，海上保安，港湾といった分野である。二つ目は自然科学の研究対象であるマリーンの学問，すなわち，海洋環境，地学，生物学，気象学，海洋学といった分野である。端的に言えば，マリタイムはビジネス，マリーンはオーシャンに関するものだと唱える者もいる。あるいは，マリタイムはアクティビティ（活動）に関連しており，マリーンは物質的な海洋領域や生物，すなわちリソースに関係しているという意見もある（Hildebrand & Schröder-Hinrichs 2014）。このように海洋教育の分野は学術的のみならず実務的な側面が多く見られることから，東京大学大学院教育学研究科内に設置されている「海洋教育センター」は，海洋教育の目的をプラグマティック（実務的）に設定し修正することを試みている。すなわち，海洋教育の枠組を対象領域と活動内容に絞ったもので，生命，環境，安全の三つの対象領域，そしてこれらの領域における四つの活動内容，すなわち，国際展開，学術研究，実践支援，社会発信に注目している。どの分野も，本科目「海からみた産業と日本」にとって重要な教育分野である。

（2）海洋科学と持続可能な開発

2015年に国連サミットで採択された「持続可能な開発のための2030アジェンダ」では，2016年から2030年までの15年間に世界で取り組む目標として「持続可能な開発目標（SDGs）」を掲げた。SDGsは17の目標，169のターゲットから成り，目標14は「海の豊かさを守ろう」である（**図15-1**）。

出典：国際連合広報センター

図15-1　持続可能な開発目標（SDGs）

SDGsの17の目標は相互依存している。目標14「海の豊かさを守ろう」を例にあげると，持続可能な漁業の推進により貧困対策（目標1），飢餓対策（目標2），栄養価の高い食事（目標3），ジェンダー平等（目標5），雇用と経済成長（目標8），平等な社会（目標10）に貢献するだろう。また，再生可能エネルギーの一つ，海洋エネルギー（目標7，14）は新しい産業と技術革新（目標9）によってもたらされ，気候変動対策（目標13）になり，暮らしにやさしい（目標11）。このように，目標をひとつ例にとっても，他の目標と多くの接点があることがわかる。また，こうした相互依存する目標を達成するためには，さまざまな立場の幅広い分野の人材が協力してはじめて前進することができる。目標17「パートナーシップで目標を達成しよう」は，SDGs達成のためには政府のみならず，民間企業，NGO/NPO，教育機関，市民がそれぞれの役割を担い参加することの重要性を呼びかけている。

さらに，17の目標からなるSDGsの枠組みとして，持続可能な開発における五つのP，すなわち人間（People），地球（Planet），豊かさ（Prosperity），平和（Peace），国際社会のパートナーシップ（Partnership）を**図15-2**に示す。一つ目のP（人間）は，誰もが尊厳と平等，健康な環境の下，教育を受け，潜在能力を発揮できること，二つ目のP（地球）は，大量生産・大量消費の社会から脱却し，天然資源の持続可能な管理と気候変動への早急な対応により地球を破壊から守ること，三つ目のP（豊かさ）は，格差のない，豊かで充実した生活と同時に，自然と調和する経済，社会，技術の進展を確保すること，四つ目のP(平和)は恐怖・暴

出典：国際連合広報センター

図15-2　持続可能な開発における五つのP—People，Planet，Prosperity，Peace，Partnership

力・人権侵害のない平和で公正な世界を実現すること，最後に五つ目のP（パートナーシップ）は，世界を取り巻く難題を，国連，政府，民間企業，NGO/NPO，教育機関，市民が参加・協力することで解決に導くことだ。

これら五つのPを前述（1）海洋の科学・教育分野に当てはめてみると，なるほど海を取り巻く国際課題は，人文科学，社会科学，法学，工学，生命科学，環境学，政治学，経済学など多岐にわたる海洋科学・教育分野が必要だと納得できる。

2. 国内外の海事・海洋教育の事例

海事・海洋科学が幅広い分野にまたがる一方，海事・海洋教育にはどのような事例があるのだろうか。まず，日本の商船教育について解説した後，国内の様々な海事・海洋教育の事例を紹介し，次に海外の海洋教育の事例として，スウェーデンとバハマ諸島について見てみよう。

（1）日本の商船教育

日本では1875年設立の三菱商船学校に始まり，1920年代には東京高等商船学校と神戸高等商船学校が設立され，第二次世界大戦後に商船大学に昇格した。商船教育の学校化に伴い，海技免状という船員の資格を証明するライセンスが1876年より国家資格と認められるようになった。

海技資格をとるには，一般的に船員養成教育機関に進み，筆記・口述試験に必要な知識を学び，乗船実習で乗船履歴をつけることになる。日本では，海技免状発行を含む海事産業は国土交通省所管，船員になるための海事教育は文部科学省所管と役割分担されている。文部科学省所管の船員養成教育機関には，**表15-1**に示す通り，商船に関する学部・学科を置く大学（2校），高等専門学校（5校），高校卒業者向けの海上技

表15-1　国内の船員養成教育機関

学校名	所在地
海技教育機構	静岡県静岡市
海技教育機構海技大学校	兵庫県芦屋市
海技教育機構清水海上技術短期大学校	静岡県静岡市
海技教育機構波方海上技術短期大学校	愛媛県今治市
海技教育機構小樽海上技術学校	北海道小樽市
海技教育機構宮古海上技術学校	岩手県宮古市
海技教育機構館山海上技術学校	千葉県館山市
海技教育機構唐津海上技術学校	佐賀県唐津市
海技教育機構口之津海上技術学校	長崎県南島原市
東京海洋大学	東京都港区
神戸大学海事科学部	兵庫県神戸市
富山高等専門学校	富山県射水市
鳥羽商船高等専門学校	三重県鳥羽市
大島商船高等専門学校	山口県周防大島町
広島商船高等専門学校	広島県大崎上島町
弓削商船高等専門学校	愛媛県上島町

術短期大学校（2校），中学卒業者向けの海上技術学校（5校）がある。

また，船員養成教育機関に通わずに，船員（資格をもたない部員）として働きながら，国家試験を受けるための乗船履歴をつけた後に試験を受けて資格をとることもできる。日本の大手船社は一般大学卒業生を対象に，自社船で教育訓練を受けさせ，船員に育て上げる方法「新三級制度」を実施している。最初にこの制度を導入したのは2006年，日本郵船だった。

（2）国内の海洋教育の事例

能登里海教育研究所は，2014 年に金沢大学とその周辺地域が連携して設立した全国初の海洋教育専門の研究所だ。2015 年に能登町が作成した創生総合戦略において，「小中学校で郷土愛を深め，ふるさとに誇りを持てる実践教育として海洋教育の充実を図る」が明記され，能登町教育委員会の主導で海洋教育の推進がなされている。能登町立小木小学校で「里海科」の授業を実施したのを皮切りに，2016 年度からは能登町の全小中学校で海洋教育が開始された。全学年・全児童・全教員が取り組む全員参加型授業で，授業時間数は小学校低中学年で年間 14～70 時間，高学年で年間 35 時間，15 を超える地域の水産関係者や教育研究施設，専門家等と連携して幅広い内容の海洋教育プログラムを展開している。その結果，子どもの地域愛着や学習意欲・学力への教育効果が実証され，保護者や教育界からも評価が高い。能登里海教育研究所は，海洋教育を根付かせるためのコーディネーターとして重要な役割を果たしている。すなわち，学校教員に高度な海洋知識の事前習得を求めないこと，外部専門家に丸投げした出前授業は行わないことを基本とし，授業計画に対する助言を行い，能登モデルの概念を理解している協力者や協力機関との連携を進めている（浦田，2020）。

日本は海で四方を囲まれているが，中には海へアクセスしにくい「海なし地域」の学校も存在し，海洋教育の実施率が低いことで知られている。お茶の水女子大学は，海なし地域でも実践可能な海洋教育カリキュラムや教材の研究・開発，教員研修プログラムの提供を実施している。海洋教育に馴染みのない教員は，海洋教育と聞くと磯の生物観察をすることだと思っている人も多く，お茶の水女子大学が提供する教員研修プログラムではこうした誤解を解くところから始まる。海洋教育の概要についての講義，すなわち「座学研修」と，授業で必要となる観察・実習技術を指導する「実技研修」から構成され，実際の授業当日に実施支援も行っている。研修後，海洋教育への理解度が上昇した一方で，「どうしても『特別授業』という枠からぬけられず，本来の指導計画にどのように位置付けられるのか知りたい」との要望もあり，いかに通常の授業となじませるかが重要だとわかる（里，2020）。

また，昔から海と日本人の暮らしは密着しており，海との関わりと地域の学びを子どもたちに伝え語り継ぐ「海ノ民話のまちプロジェクト」（2018年発足）を紹介したい。日本中に残された海にまつわる民話を発掘し，その民話のストーリーとその民話に込められた「思い」，「警鐘」，「教訓」を親しみやすいアニメーションで世代から世代へと語り継いでもらう活動だ。さらに「海ノ民話のまち」に選定することで，アニメーションがきっかけとなり，新しい地域づくりとして町の人たちの意識を

図15-3　海ノ民話のまちプロジェクト『おたるがした』アニメーション

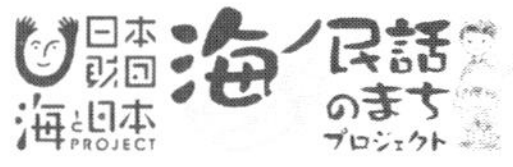

写真提供：海ノ民話のまちプロジェクト
主催：一般社団法人日本昔ばなし協会
共催：日本財団　海と日本プロジェクト

高める効果が期待されている。海の民話の中には，海における慣習，禁忌，信仰，敬意など様々な文化的・精神的要素が含まれており，地域性が強く出ているものが多い。自然災害の多い日本では，古来から日本人が津波などの被害と戦ってきたリアリティーあふれる様子も伝わってくる。津波の被害が実際にあった村には津波にまつわる民話が伝承されており，2019年度に「海ノ民話のまち」に選定された愛媛県松山市に伝わる『おたるがした』もその一つだ。この物語には，津波対策として地震発生時における素早い避難行動の重要性，そして被害後の心構えが描かれている。物語の登場人物たちからは，畑は無くなってしまったが，海には肥料となる海藻があり，食料としての海産資源に恵まれていることや，復興へ向けた海との付き合い方を学びとることができる。アニメーション完成後の地元の上映会では，物語に登場する樽が実際に用意され，その樽に子どもたちの願いや想いを描くというワークショップも開催された（沼田，2020）。

（3）海外の海洋教育の事例：スウェーデン

北欧に位置するスウェーデンは，子ども向けの海洋教育が盛んだ。海岸沿いに昔の船を展示した海洋博物館や水族館を設置し，学校はそうした施設を見学するカリキュラムを組んで，船や海に親しむ機会を作っている。

スウェーデン南部の町，マルメの西海岸に位置する海洋教育センターは国内及び海外の大学と提携し，常に新しい海洋教育の技術開発に取り組んでいる。日本の海洋教育は小中学校に標準を合わせているのに対し，スウェーデンは就学以前の子どもにも海洋教育の機会を設けているのが特徴的だ。

就学前の児童は，ズボンと靴が胸まで一続きになったゴム製のウェー

図15-4　ウェーダーギアを着て海中生物観察をするスウェーデンの子どもたち
〔写真提供：マルメ海洋協力センター，Photo by Michael Palmgren〕

ダーギアと呼ばれるつなぎ服に着替え，海中生物観察や海岸の植生について学ぶことができる（**図15-4**参照）。この上級コースとして用意されたのが，小学校低中学年向けのプログラムで，海洋学を取り入れた理論的な学習が含まれる。小学校高学年から中学校では，目の前に広がるスウェーデンとデンマークを繋ぐオーレスンド海峡を例に，海の生態系に関する座学の後，仮説を立て実際に小さな調査船に乗り込み海洋調査を行う。海から採取したサンプルを解析し，研究結果の発表そして議論を行う。海が身近にあるスウェーデンは世界有数の水資源に恵まれた環境にあり，海は世界に平等に配分されていない事実や，水は人類にとってかけがえのない財産であることを教えている。

このようにスウェーデンの海洋教育では，教育の低年齢化，体験重視が特徴的で，水資源への感謝の念や，水に恵まれない国への配慮など国際的視野で物事を観察することを指導している。学校教育の中での海洋教育とは別に，スポーツフィッシングも盛んで，レクリエーションとしての魚釣りの基本や楽しみ方を8～12歳頃の子どもに教えるボランティアがいたり，小型ボートなど休日のセーリングを家族で楽しむのもスウェーデン流だ。

（4）海外の海洋教育の事例：バハマ諸島

フロリダ半島の東に位置するバハマ諸島に，クリスタル・アンブローズという30代前半の生物学者がいる。彼女は10年前にプラスチックを飲み込んだ瀕死の海がめの手術に丸2日立ち会い，それがきっかけでプラスチックごみの問題に取り組むようになり，2013年にバハマ・プラスチック運動を立ち上げた。クリスタルはバハマの子どもたちに海の大切さを教える無料のキャンプを立ち上げ，実験や海洋実習，討論などを取り入れた。また，環境大臣に法案を提出した。その結果，バハマ諸島では使い捨てプラスチックを禁止する法案が2020年に成立した。

クリスタルは，草の根の社会活動は，未来を担う子どもたちに「自分だってやればできる」という強いメッセージを送ることができるからこそ重要で，「わたしの地球」，「わたしの海」という意識向上に効果的だと話す。1973年まで英国の植民地だったバハマ諸島において，労働者階級で黒人女性という社会的偏見を受けやすい立場であり

図15-5　プラスチック・イン・パラダイスと呼ばれるバハマ諸島のプラスチックごみ問題，向かって右がクリスタル・アンブローズ
〔写真提供：Goldman Environmental Prize〕

図15-6　バハマ諸島の子どもたちに海の大切さを教える無料のキャンプ
〔写真提供：Goldman Environmental Prize〕

ながら，クリスタルは自分の正義を主張する必要性を論じる。日本のように政府が主導する海洋教育とは異なり，自らの発した問題意識から，バハマ諸島の子どもたちに海洋教育を草の根レベルで開始したクリスタルは，2021年，ゴールドマン環境賞を受賞した。前述のスウェーデンにおいても，2017年に当時15歳の環境活動家グレタ・トゥーンベリが，スウェーデン議会に気候変動対策の強化を求めて抗議活動，のちに学校のストライキを行ったことは世界的な話題となった。今や，海洋を含む環境問題は，政治家頼みの時代ではない。一人一人の意識と行動が，地球の未来を変える――だからこそ，教育が大事なのだ。

3. 海事・海洋教育がもたらす機会と課題

（1）国連海洋科学の10年

国連は，2021年から2030年までの10年間を「持続可能な開発のための国連海洋科学の10年」（国連海洋科学の10年）と決定した。本計画はユネスコ政府間海洋学委員会の主導のもと，複雑な海洋現象の理解には自然科学に加え，社会科学も含めた学際的視点による海洋科学の推進が重要だとしている。海洋の諸問題は，人類と地球が直面する課題であり，その解決策を海洋科学を通じて示すことが強く意識された計画となっている。

「国連海洋科学の10年」の実行計画の目的は三つあり，(1) 持続可能な開発に必要な知識を特定し，必要な海洋データと情報を提供する海洋科学の能力を高めること，(2) 能力を構築し，人間との相互作用，大気，雪氷圏，陸海の境界面との相互作用を含んだ海洋に関する包括的な知識と理解を生み出すこと，(3) 海洋の知識と理解の利用を増やし，持続可能な開発に貢献する能力を開発すること，である。

さらに，「国連海洋科学の10年」には，目標とする七つの社会的成果がある。(1)「きれいな海」，(2)「健全で回復力のある海」，(3)「生産的な海」，(4)「予測できる海」，(5)「安全な海」，(6)「万人に開かれた海」，(7)「夢のある魅力的な海」。これら七つの目標は「国連海洋科学の10年」のもと，「私たちの望む海」への具体的な活動の指標となる。海の現状を明らかにし，海の将来を予測し，海の危機を脱する科学的方策を生み出すことの重要性が益々高まっている。

(2) 海洋科学と日本の役割

日本は，海の恵みを享受した世界有数の国家である。6,800余りの島から構成される日本は，世界第6位の広大な排他的経済水域を管理する責任があり，豊富な水産資源や海底資源を有する。年間9億トン以上といわれる日本の輸出入の99.6％は海運に依存している。

日本では，海洋基本法が2007年に成立し，第28条では海に親しむための教育推進あるいは海洋の政策課題に対応するための知識や能力を有する人材の育成として，「海洋教育の充実及び海洋に対する理解の増進」を掲げている。海洋基本法に定める基本理念は，「海洋の開発及び利用と海洋環境の保全との調和」，「海洋の安全の確保」，「海洋に関する科学的知見の充実」，「海洋産業の健全な発展」，「海洋の総合的管理」，「海洋に関する国際的協調」である。これらは「国連海洋科学の10年」の実施計画の意図，すなわち「人類の活動および人類を含む地球の生態系の存続は大きく海洋に依存しており，海洋を健全な状態に維持しつつ持続的にその恩恵を享受するためには，海をより深く理解したうえで適切な行動をとる必要がある」という認識と方向性は一致している。

また，海洋基本法ではおおむね5年ごとに海洋基本計画を見直すよう求めており，2018年5月に第3期海洋基本計画が閣議決定された。本計画には九つの具体的施策があり，「1．海洋の安全保障」，「2．海洋の産業利用の促進」，「3．海洋環境の維持・保全」，「4．海洋状況把握（MDA）の能力強化」，「5．海洋調査及び海洋科学技術に関する研究開発の推進等」，「6．離島の保全等及び排他的経済水域等の開発等の推進」，「7．北極政策の推進」，「8．国際的な連携の確保及び国際協力の推進」，「9．海洋人材の育成と国民の理解の増進」である。このうち特に本講義と関連のある「9．海洋人材の育成と国民の理解の増進」の中身は，(1) 海洋立国を支える専門人材の育成と確保，(2) 子どもや若者に対する海洋に関する教育の推進，(3) 海洋に関する国民の理解の増進，となっており，それぞれの項目に関連するプロジェクトがある。残念なのは，「(2) 子どもや若者に対する海洋に関する教育の推進」の中身が従来通りな点である。2025年までに全ての市町村で海洋教育が実践されることを目指し，関係者間の連携強化，副読本など教材開発，学校教育と水族館や研究機関との連携といえば聞こえは良いが，海洋教育の役割は海洋を取り巻く地球規模の問題を多面的に一地球市民として考え，社会構造や生活様式を再考する教育機会を作り出していかねばならない。国内外の良い事例には，海洋基本計画に見られるような政府が決定するトップダウンの計画よりも，市民主導で実施されるボトムアップの計画も多く見られる。国家安全保障等の国家規模の計画は政府主導でも良いが，ことに市民に対する海洋理解増進や海洋教育推進であれば，市民から良いアイデアを吸い出せるような仕組みをサポートし，学校教育の充実を図ることもできるだろう。海洋基本法が成立した2007年とは異なり，現代はソーシャルメディアなどを通じて市民が垣根を越えて情報発信できる時代において，海洋教育も進化する必要があるだろう。

一方で，日本の教育分野の国際的プレゼンスは高く，期待も大きい。日本が提唱した「持続可能な開発のための教育（ESD）：SDGs達成に向けて（ESD for 2030）」は，2019年の第74回国連総会で採択された。本プログラムの前身は2005年からスタートしている。こうした日本の国際貢献は歴史がある一方で，国内での認知度は低いように思われる。

（3）海事・海洋教育の課題

笹川平和財団海洋政策研究所などが2016年に全市区町村の教育委員会1,740か所（回収率45.9 %）を対象として実施したアンケートでは，54 %が海洋教育は行われていない，続いて22 %が一部の学校で実施されていると回答した（**図15-7**参照）。

また，船の科学館が2014年に実施した「全国の博物館における海洋教育実施状況調査」によると，海事博物館や水族館を含む全国の博物館（約1000館が対象，回答率は53.4%）のうち，海洋教育を実施したことがあるのは49.3%とおよそ半数だった。海洋教育を実施したことがある博物館のうち，最も多いのが「企画展（特別展）」で全体の7割以上を

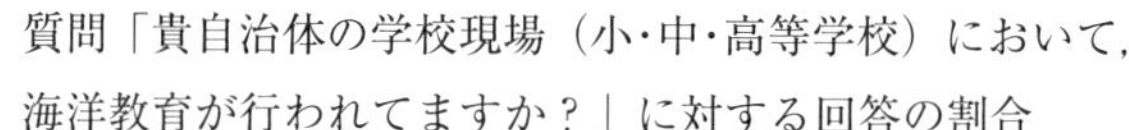

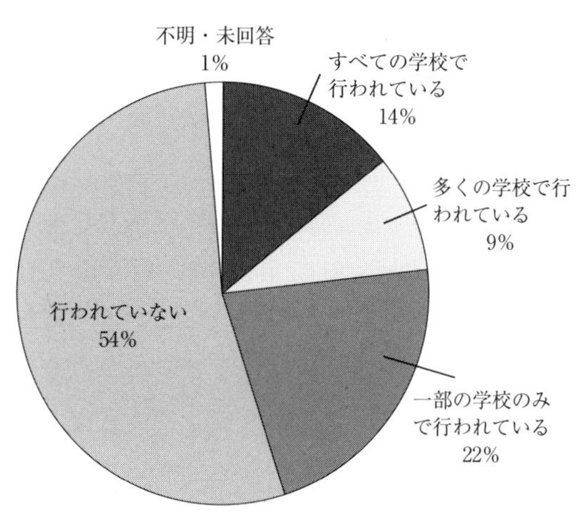

資料：（公財）笹川平和海洋財団海洋政策研究所「2016年度学校教育における海洋教育拡充事業（日本財団海洋教育促進プログラム）報告書」（平成28（2016）年10月実施，全市区町村の教育委員会1,740か所が対象（回収率45.9%））に基づき水産庁で作成

出典：水産庁

図15-7　全国の小・中・高等学校における海洋教育の実施状況

占め，常設展示が約4割，調査研究事業に取り組んだことのある博物館も全体の4分の1だった。

「海洋白書2020」では，現在の海洋教育における課題を三つにまとめて解説している（田中，2020）。最初の課題は，学校教育における教科間，特に社会科と理科にまたがる海洋教育分野の架橋の必要性である。わが国の初等教育の社会科では，水産業や温暖化を扱うが，これらの理科的側面である海洋生態系や温暖化のメカニズムについては中等教育の地学で扱う。教科ごとの縦割りで海洋知を分断する学校教育の歪みは，因果関係や背景要因を知ることなく，海洋問題に関する深い理解につながらない可能性が高い。わたしたちの周辺で起こっている環境問題，例えば海洋ごみ，津波災害，豪雨災害，海洋デッドゾーンの拡大，熱波の襲来も，海洋の生命の営み（SDG 目標 14）や気候変動対策（SDG 目標 13）など地球規模の課題の延長線で起こっていると理解できる教育が大切である。それによって，グローバルな課題がより身近な問題と結びついて，問題解決の知恵を絞り，仲間を探して，行動できるようになるはずである。

次に，二つ目の課題として挙げられるのは，細分化する海洋学と教育学との隔たりを埋めることである。本章１節（1）「海洋の科学・教育分野」で学んだように，海事・海洋科学はさまざまな専門分野に分かれており，それぞれに学会が存在し，比較的小さな専門家集団が他分野からの刺激もあまり受けずにいることも多い。このような状況では，広く海事・海洋教育を普及することは困難である。田中（2020）は，「海洋学と教育学の隔たりは，海洋学の諸分野の隔たりよりもはるかに大きい」という。日本における教育学は，学力形成および教育方法に傾倒していると指摘し，元来の教育学の真髄ともいうべき人間形成，社会再形成の視点に立ち返るべきだと説く。つまり，温暖化の問題がなぜ引き起こされ（海事・海洋分野の科学的知見），それによって脱炭素化社会に転換する必要があり（社会再形成），どのような教育が必要か（人間形成）という非常に論理的な思考には，海洋学と教育学をつなぐことが必要である。

最後に三つ目の課題として，海洋教育は問題に対する答えを教える教育ではなく，答えが何通りもある問題についてそれぞれの答えについて理解し敬意を示した上で，複合的な視野に立った答え（解決策）を導き出す役割を担っているということだ。本章第1節（2）「海洋科学と持続可能な開発」で学んだSDGsの各目標が相互依存しているように，海ごみの問題（目標14）の答え（解決策）が教育（目標4）や生産システムやリサイクル（目標12）にあったり，貧困の問題（目標1）の答え（解決策）が持続可能な漁業（目標14）やジェンダー平等（目標5）にあることもある。どの答えも正解で，重要度の優劣もつけがたい。そのような難解な問いに答えることのできる海洋教育は，わたしたちの住む町や土地がどんな自然環境条件のもとに置かれ，どんな社会構造や生活様式が自然災害や避難，減災，復興に対処しているかを理解し，反省的に思考しつつ改革を考える力を養うことである。他の町や土地に暮らす人々の抱える問題から，良い点や悪い点を学ぶこともできる。田中（2020）は，「子どもたちが，海洋を，みんなのものとしての「公共財」としてだけではなく，だれもが無条件に大切にするべきものとしての「公共善」（res publica）としても価値づけ，海から贈られ与るすべての生命を気遣うこと」が海洋教育の重要な点だと指摘する。

《学習のヒント》

1．第14章で学んだ海をとりまく国際海事管理問題を思い出してみよう。どのような海事・海洋教育が必要だろうか。

2．日本の海洋教育の取り組みを踏まえて，日本が「国連海洋科学の10年」において優先的に取り組むべき課題は何だろう。
3．学校教育以外で，例えば家庭や地域で海洋教育の機会を探してみよう。身近な例は見つかるだろうか。

参考文献

窪川かおる・山形敏男（2020）「「持続可能な開発のための国連海洋科学の10年」を多様な視点から考える」，『学術の動向』，26（1）日本学術会議
里浩彰（2020）「海なし地域にも広げる海洋教育」，『Ocean Newsletter』，474
田中智志（2020）「第3節　海洋教育の新たな展開」，『海洋白書2020』，笹川平和財団海洋政策研究所
浦田慎（2020）「「誰一人取り残さない」海洋教育」『Ocean Newsletter』，489
沼田心之介（2020）「海の民話を語り継ぐ意義」『Ocean Newsletter』，484
船の科学館（2014）全国の博物館における海洋教育実施状況調査報告書
Hildebrand, L.P., & Schröder-Hinrichs, J.-U. (2014)“Maritime and marine: synonyms, solitudes or schizophrenia?” *WMU J Marit Affairs*. 13, pp.173–176. https://doi.org/10.1007/s13437-014-0072-y

索引

●配列は五十音順，数字で始まるものは数値順，欧文はアルファベット順にそれぞれ配列。
●＊は人名を示す。

●あ　行

●か　行

●さ　行

●た　行

●ら　行

●数字順

●アルファベット順

分担執筆者紹介

（執筆の章順）

合田　浩之（ごうだ・ひろゆき）

・執筆章→4・5・6

1967年　茨城県に生まれる
1991年　東京大学経済学部経済学科卒業
1991年　日本郵船株式会社入社（～2017年3月）
2003年　筑波大学大学院博士課程ビジネス科学研究科修了
2012年　埼玉大学大学院博士課程経済科学研究科修了
2017年　東海大学海洋学部特任教授
現在　東海大学海洋学部特任教授，博士（法学），博士（経済学）
専攻　海運経済論，港湾経済論，国際商取引
主な著書　『コンテナ物流の理論と実践』（共著　成山堂書店，2010）
『北極海のガバナンス』（分担執筆　東信堂，2013）
『戦後日本海運における便宜置籍船制度の史的展開』（青山社，2013）

恩田　登志夫（おんだ・としお）

・執筆章→10・11・12

1958年　東京都に生まれる
1956年　東洋大学経営学部商学科卒業
1983年　大韓航空東京貨物支店入社
1986年　日本貨物航空株式会社入社
2002年　独立行政法人雇用能力開発機構入構
2018年　横浜商科大学商学部特任教授
現在　横浜商科大学商学部特任教授
専攻　国際物流論，ロジスティクス論
主な著書　『国際物流の理論と実務（6訂版）』（共著　成山堂書店，2017）
『新訂　港運がわかる本』（共著　成山堂書店，2020）

北田　桃子（きただ・ももこ）

・執筆章→13・14・15

略歴　高知県出身。企業勤務を経て，神戸大学海事科学部で学士号（商船学・航海），英国カーディフ大学で博士号（社会科学）取得。三級海技士（航海）

現在　世界海事大学准教授

専攻　社会科学，ジェンダー論，海事教育訓練，船員労働・福祉，サスティナビリティ

主な著書　『リスクマネジメントの真髄――現場・組織・社会の安全と安心』（共著　成山堂，2017）

Maritime Women: Global Leadership（共編著 Springer, 2015）

Trends and Challenges in Maritime Energy Management（共編著 Springer, 2018）

Empowering women for the United Nations Decade of Ocean Science for Sustainable Development（共編著 WMU, 2021）

編著者紹介

原田　順子（はらだ・じゅんこ）

・執筆章→1・2・3

略歴　企業勤務を経て，修士号（英国ケンブリッジ大学），博士号（英国リーズ大学）を得る
現在　放送大学教授，PhD
専攻　経営学，人的資源管理
主な著書　『国際経営』（共編著　放送大学教育振興会，2013）
『人的資源管理』（共編著　放送大学教育振興会，2014）
『新時代の組織経営と働き方』（共編著　放送大学教育振興会，2020）など

篠原　正治（しのはら・まさはる）

・執筆章→7・8・9

1955年　群馬県に生まれる
1978年　東京大学工学部土木工学科卒業，運輸省入省
1987年　スタンフォード大学大学院工学研究科修士課程修了
2009年　国土交通省退職，（財）大阪港埠頭公社理事
2014年　阪神国際港湾株式会社　理事（現職）
2016年　国際港湾協会（IAPH）副会長（現職）
2021年　放送大学客員教授
専攻　港湾の計画と管理，コンテナターミナルの運営
主な著作　「阪神港インランドコンテナデポ成立可能性の検証」（『沿岸域学会誌』第28巻第1号，2015）
『世界コンテナターミナル見聞録』（大阪港振興協会，2018）

放送大学教材　1930087-1-2211（ラジオ）

海からみた産業と日本

発　行　　2022年3月20日　第1刷
編著者　　原田順子・篠原正治
発行所　　一般財団法人　放送大学教育振興会
〒105-0001　東京都港区虎ノ門1-14-1　郵政福祉琴平ビル
電話　03（3502）2750

市販用は放送大学教材と同じ内容です。定価はカバーに表示してあります。
落丁本・乱丁本はお取り替えいたします。

Printed in Japan　ISBN978-4-595-32346-1　C1360